鳥獣害

動物たちと、どう向きあうか

祖田 修
Osamu Soda

JN165836

岩波新書
1618

はじめに

高度成長の過程で、多くの若者たちが村を去り、村の裏の里山も荒れはじめた。一九七〇年ごろからシカ、イノシシ、サル、あるいは手ごわいクマたちがそこを新たな棲(す)みかとし、急増していった。

そして動物たちは平然と村や町に姿を現わし、田畑を荒らし、林地に跳梁(ちょうりょう)し、時には人を傷つけたりする。神戸市のように、山を背負う都市部にも現われるようになっている。また海外から持ち込まれ、いつの間にか日本に定着したアライグマやヌートリア、マングース、種々の魚類などもその戦列に加わっている。

さらに地球温暖化で、雪も減り、動物たちが過ごしやすく、繁殖しやすくなったとも指摘されている。

とりわけ農業者は困りはて、苦悩を深めている。いわゆる鳥獣害問題である。

本書では、まず村や町に現われる鳥獣との闘いや対応など、多様な実態を、中国山地や北海道などの現場に追った。

私自身、農業経済の研究をつづけたのち、退職し、田畑を耕やしはじめた。すると、そこで鳥獣害に直面することになった。

農業者は、できれば被害をゼロにすべく、鳥獣を除去したいと考え、その方法に頭を悩ませてきた。折もおり、動物愛護や自然保全などを掲げるディープ・エコロジー運動が欧米に起こり、日本にも「害獣の価値」、「動物の権利」といった概念が伝えられ、動物保護、自然保護の思想が広がった。

農村で鳥獣が日々闊歩(かっぽ)し、害を及ぼすのとまったく対照的に、消費者の食卓では、野菜も米も、魚も肉も、生産者の日々が見えにくくなっている。輸入となれば、いっそう見えにくくなる。今後、私たちは、このような生産者と消費者のあいだに横たわるギャップを埋め、野生鳥獣や家畜を含む動物たちと、どう向きあっていったらよいであろうか。

いま私たちが直面している事実や背景、そしてそれが意味するものは何か。日本ではこれまで鳥獣たちをどうとらえてきたのか。西洋ではどうだったか。こうしたことを明らかにしながら、鳥獣害にどう対応し、動物たちと、どう向きあっていくのかについて考えてみたいと思う。

私は、この本で、「生涯一村びと」を念じる一人の農学者として、農業・農村の心、庶民の現実のただなかから、新たな動物観への展望を、できるだけ包括的に模索してみたいと思う。その際、私の専門を超える宗教史的考察については、多くを宗教学、民俗学などの成果を参考にさせていただいている。

農業・農学の分野では、獣害に関する現実と、動物の排除・捕獲のための具体的な技術などについての著作は多いが、鳥獣害問題の本質と意味、対策をめぐる考え方、人間と動物のあり方などについての考察は少ない。こうしたことから、本書はそれに挑戦しようとしたものだが、鳥獣害問題、広く食や農業に関心のある人たちに、少しでも得るところがあれば、これに優る喜びはない。

本書の刊行にあたっては、ご協力いただいた現場の多くの方々、貴重な写真をご提供くださったみなさま、編集部の坂本純子氏に、心より感謝し、お礼を申し上げたい（なお本文中の敬称は省略させていただいた）。

二〇一六年六月

祖田　修

目次

目 次

第1章　「田園回帰」のなかの鳥獣たち

——害獣化する野生

1　愛しい鳥獣たち

ポン太一家との数年間

もう二〇年ほども前になろうか。私は暑さをしのぐため、風のある外に出て、わが家の裏にある公園を眺めていた。小さな公園だが、木々が生い茂り、こんもりとした森のようになっている。そのツツジの陰から、立ち上がってこちらを見ている動物がある。初めは犬かと思ったが、どうやらタヌキのようだ。しばらく互いにじっと見つめあっていたが、突然の珍客に、私は言い知れない親しみを感じた。タヌキのほうも、私をタヌキおやじと思ったかもしれない。暑い夏の日の、ポン太との出会いであった。

相手はやがて木々に姿を隠したが、私が二階に上がって見降ろすと、まだ二匹のタヌキがうろついている。思わず、急いで冷蔵庫からソーセージを二～三本取り出し、本当はしないほうがよいのではと思いつつ、ちぎって二階の窓から投げてやった。それからである。この二匹はときどき家の裏に姿を現わすようになった。私は公園と家を仕切る金網に小さな穴をあけ、通り道を作った。案の定、二匹は毎日裏庭に来るようになった。オスをポン太、メスをハナと名

タヌキのポン太とハナ(筆者撮影).

づけた。

ちょうどその半年ほど前に、愛犬である二代目のポチが一四歳で亡くなり、妻とともにさみしい思いをしていた。三代目ポチを飼うことも考えたが、六〇歳前後となった私たちにとって、前のポチのように一四年も長生きすれば、世話も大変だし、もしかしてポチのほうが最後に残されるやもしれない。

妻と「ポチの代わりに、タヌキが来てくれたんだ」と話しあった。ついかわいさにひかれ、タヌキとの日々を楽しんだ。どうやら裏の公園に棲みついてしまったようだ。

やがて、毎年五月ごろになると二〜三匹の子どもを連れて現われ、秋になると再び二匹に戻ることが繰り返された。餌(えさ)にはパン、ソーセージ、厚揚げ、牛乳などを与えた。時にはポン太が、ガラス窓をたたいて、食べ物を要求した。体を触れさせることはなかったが、しまいにはすぐ目の前で餌を食べ、牛乳を飲み、満腹になるとポン太は横になって昼寝をした。ハナはやや臆病者で、そばに座っているだけだった。

このことが近所でも評判になり、地元の新聞にも写真入りで紹介された。ポン太を見たいと、餌を持ってやってくる人もあった。

数年たったある日、ポン太一家は突然姿を消した。散歩中に公園内で放された犬に追いかけられたのかもしれない。本当の理由は不明である。

当時、近隣の宇治市でも、主婦が傷ついたタヌキを助け、しばらく育てたのち野生に戻したが、時折やってきては膝の上に乗って甘え、森に帰っていくとの報道があった。野生動物とはいえ、人間とのあいだには、種を超えた生き物としての心のやり取りがあるというほかはない。

人間と動物の不思議な関係

テレビや新聞などで報道されているのでご存じの読者も多いと思うが、広島県神石高原町(じんせきこうげん)に通称「ふくろうのおばあちゃん」がいる。二〇年以上もフクロウの子どもを育てては、旅立たせている。親フクロウが毎年屋根裏に巣をつくり、やがて巣から落ちたヒナをおばあちゃんが保護した。二週間ほど餌をやって育て、大きくなり飛び立てるようになると、親鳥が迎えにやってくるので、このとき放鳥するという。

こうして、二〇年余りのあいだに五〇羽を超えるフクロウを育てたのである。まったくおとぎ話のような、動物と人間の物語である。フクロウとおばあちゃんは、互いに信頼と慈しみで結ばれ、ほとんど家族のような、いや家族以上のものとなったのだろう。

むろん犬のような、人間と共生関係になった動物と人間との、しばしば人間以上に親密で不思議な関係が生まれていることは、イヌのなみだ製作委員会編『イヌのなみだ』、三浦健太の『犬のこころ』、山口花の『犬から聞いた素敵な話』などに書かれている。また柴内裕子と大塚敦子による『子どもの共感力を育む――動物との絆をめぐる実践教育』にあるように、学校や病院などで、子どもたちや高齢者が犬や猫にふれあうなかで得られるものが多いということも報告されている。

思えば、人間にとって、動物たちはまことに愛（いと）しい存在である。

2　憎らしい鳥獣たち

過疎地の半住民として

いま、地方自治体の「消滅可能性」が論議される一方で、「田園回帰」が語られている。それらは、複雑な現状のなかで起こっている真実といってよい。「田園回帰」の潮流があると指摘したのは、農林水産省による二〇一五年の『食料・農業・農村の動向』(白書)である。白書では、退職者の回帰もさることながら、むしろ若い層にも田園回帰志向があるという。

じつは私も、公務を退いたのち、京都府南部にある中山間地域の村で畑仕事を始めた。過疎化で空き家も多い。安い古民家を入手し、みずから大工仕事をしてあちこち修繕した。そこへ京都市郊外の自宅から通い、時には数日滞在して野菜と米を作った。そこに住みつくことも考えたが、税金も払ってこなかったこの村に、やがて老いの身をゆだねるのは迷惑な話だと考えた。妻は、長年付きあってきた隣近所や友人もあり、現在の家で暮らすことを望んだということもある。

自宅から村に行くには二つのルートがあり、一般道を通れば四二キロ、車で一時間五分かかり、林道を抜けるルートなら三三キロで五五分の道のりである。一般道は、車は多いが走りやすく、林道は車がほとんど通らず信号もないが、S字カーブの連続だ。

一時間もかけて村に入るのは、かねて考えていた「生活三分法」で、これからの人生を暮らそうとの思いからであった。というのは、連休のように続く日々を、「畑仕事―囲碁などの趣味―研究」で過ごそうと考えたのである。

田は九〇坪、畑は一四〇坪である。素人がこれだけやろうとすれば大変だが、夫婦二人と子どもたちの二つの家族、近くにいる妻の姉の家族など、総勢一四人分の野菜をできる限り自給しようとの考えからであった。

村には、夏場だと週に二～三日、冬場には週一日程度の滞在となるが、私自身はみずからを村の「半住民」と呼んでいる。

この地区は、明治維新で禄（ろく）を失った武士たちのための授産対策として京都府がおこなった開拓事業で開かれた村である。当初、多くは農家の二男や三男であったが、一四〇戸ほどが入植した。

現在は七〇戸を切っている。米、トマト、養蚕、お茶栽培、松茸、陶器づくりなどで暮らしを立ててきたが、いまの主力は煎茶の栽培・加工である。また標高約五〇〇メートルの地で育つ果物類はユズ、ブルーベリー、キウイ程度だ。ただ朝夕、夏冬で寒暖の差が大きく、それに耐えた野菜は大変おいしいといわれている。私のような菜園をめざす半住民にとっては、夏は涼しくて、まるで避暑地のようであり、野菜もおいしく、いうことはない。

跳び回る鳥獣たち

だが誤算も多い。それが鳥獣たちの遠慮のない振る舞いだ。

当初、何の防備もなく畑を耕しはじめたが、周囲の人たちから、「お宅がそこで野菜を作ってくれたら、うちの畑は助かるよ」とか、「トウモロコシを植えましたね。カラスが喜びますよ」などと冗談をまじえて声をかけられた。確かに村の沿道脇の畑を除いては、網が張られており、田植えの後は水田の周りの電気柵に夜間電気が流される。私は研究者としてこれまで各地の鳥獣害を見てきたが、いざ自分がやるとなってもそんなに大変ではないだろうと高を括っていた。

ある日村に着くと、何人かの人たちが出て、あちこちの畑がシカにやられたと騒ぎになっていた。そこでわが畑に行ってみると、無惨な光景がそこにはあった。先ごろ植えたはずの白菜やキャベツの苗が、ほとんど食いちぎられ散乱している。私の初めての収穫物になるはずだった野菜たちが、である。シカの仕業だ。

私は早速、シカ対策用の網を買い、近所の藪から竹をわけてもらって杭にし、田も畑も沿道の側を囲い込んだ。山側には、だいぶ傷んではいたが、これまでの網が残されているので、それを修理した。そして改めて苗を買い直し、植えつけをした。しかしトマトは専用の網で覆っても、たとえばカラスはどこからか潜り込んでトマトをくわえて飛び去っていく。ジャガイモやサツマイモは、イノシシやモグラがねらっているのである。

増え続けるシカの害

二年目、三年目とシカの害は増えていく。どこから入るのであろうか。五月の連休に植えたばかりの稲の苗が、食いちぎられている。九〇坪の田のうち、山側の三分の一がやられた。山側の網に、ほころびが出て穴があいていたのだ。田の隅にまとめてあった余りの苗を植え直したが、その後再びやられてしまった。今度は網の下をかいくぐったのであろうか。

秋になり寒さが加わって、まるで白菜やキャベツが寒さを避けようとするように、葉を巻き込んで身を包み大きく育ってきた。ある日畑に立つと、様子がおかしい。シカの足跡が畑一面にある。

「やられた」

白菜の頂上部が軒並みかじられている。キャベツもかじられ、踏み倒されている。数頭入ったのか、足跡も多く、野菜が全滅だ。一瞬背中に汗がにじむ。白菜やキャベツを、丸ごといくつか食べるのならまだしも、シカは新しく柔らかい部分が好きらしく、白菜の頂上部だけを、順に一口ずつかじっていったのだ。山に沿って小川があり、シカはいったん小川に入り、少しほころびた網をかいくぐって侵入したようだ。

落胆この上ない。憎しみもわいてくる。

古老の話では、この地区はかつて松茸がたくさん生え、あっという間に、肩に担(かつ)ぐほど大きな袋いっぱいに採れたという。ところがいつの間にかシカが棲みつき、松茸を食べるようになった。他方、杉や檜(ひのき)が高く売れるとあって植林が進み、松林が減ったのも松茸が減った理由の一つだ。いまは松茸も生えず、木材自由化で杉も檜も間伐や下草刈りがされず、モヤシのような細い木が、なよなよと立っている。

シカは、松茸も少なくなり、食べられる木の芽や草も減って、しだいに村に押し寄せるようになった。しかも、このところ急速に頭数が増えているようだ。村を往復する林道を走るとき、シカは夜の行動が多いはずだが、昼間でも目撃する機会が年々増えている。

イノシシの歓喜

シカの次に多いのがイノシシの害だ。林道で見かけるのは、シカ、キツネ、サル、イタチ、野ウサギ、鷲(わし)などだが、イノシシは夜行性でめったに見かけない。しかし夜ともなれば、イノシシがうごめきだす。

かつて訪れた滋賀県の西浅井町では、イノシシとサルに悩み、イノシシ対策として頑丈な金網を張りめぐらした。高さは一メートル余りだが、金網の下をほじくって入るおそれがあることから、金網に折り返し部分が必要とのことであった。

それに比べると、この村のイノシシはおとなしいのか、シカ対策用の化繊でできた粗い目の網柵を張り下ろしただけで、なかに入っては来なかった。

しかし敵もさるもの、どこから侵入したのか、ある日惨憺(さんたん)たる光景が目の前にあった。畑も田も、まるで小学校の運動場のように、イノシシの走り回った足跡があった。幸い田のほうは稲の収穫後だったが、刈り取ったあぜ道の草を、田の真ん中に積み上げて山にしていたので、どうやらそこに湧いたミミズが狙いだったらしい。草の山は掘り返されて散乱していた。久々のおいしいものに喜びいっぱいで動き回ったのか、あるいは数頭の集団だったのか、田のなかの足跡は尋常(じんじょう)ではなかった。

それだけならまだよいが、上段の畑に行くと、そこも足跡だらけであった。そしてダイコンはほじくられ、残っていた五〇個近い白菜が軒並み押し倒されていた。根っこに何か虫がいると思ったのか、鼻で倒して遊んだのか。

その翌年のことだ。私はジャガイモの収穫のタイミングを誤り、たくさん腐らせてしまった。近所のおばあさんから、「ジャガイモは雨上がりに掘ってはいけない」と聞いてはいたが、そのころ私が白内障の手術を受けたのと、雨の日が続いたのとで、やむを得なかったのである。

案の定、大量のイモが腐っていく。やむなくそれを、家の裏にある畑の隅に捨てた。そこは果樹などを植えているので、柵などせず無防備だった。数日後に気がつくと、積み上げるほどあったジャガイモは、ただの一個も残っていなかった。あたり一面イノシシの足跡で、腐ったイモ、腐りかけたイモもすべて、喜び勇んで平らげたようだ。

腐ったジャガイモは強い臭(にお)いを発するので、なくなったのはかえって好都合ともいえたが、迷惑だったのは隣近所の家だった。人家に近く、周りは動物には興味のない茶畑が多く、そのあたりの野菜畑は、これまで聖域だったのに、イノシシが来るようになったのである。そしてどの家も網を張り、イノシシ用の電気柵などを設置した。臭気に鋭いイノシシを、私が呼び寄せてしまったのである。私はお詫びしたが、「いずれそうなることだったから」とみなさんは許してくださった。

サギとの闘い

村に入った目的は、先にも述べたように生活三分法の実践であった。野菜を作り、やり残した研究をし、囲碁などの趣味を楽しむといった自由気ままな日々だ。

私は子どものころ、小学校の近くを流れる川のそばに作られた池のコイを見て、「こんな美しい魚がいるのか」と驚き、いつかはコイを飼ってみたいという願いももっていた。また川面（かわも）に顔を近づけて覗くと、メダカたちが虹のような光を放って乱舞していた。いま島根の郷里に帰ってもその姿はなく、絶滅危惧種に指定されている。

そこで、コイやメダカを飼い、産卵させ、育てる池を作ることにした。うまくいけば、メダカを放流することもできる。幸い近くに小川も流れている。米作りをしている九〇坪の田の南側は、向かいの山の杉が大きくなり、ほとんど日が当たらない。その部分に養魚池を掘ったらどうか。畑の水くみ場としても使える。そこは小川のそばなので、パイプを使って導水すればよい。そこでさっそく池掘りに取りかかり、二カ月ほどで、一〇畳分ほどの池ができあがった。

その池に、とりあえず一五センチほどのコイ一〇匹余り、三〜四センチの金魚三〇匹を入れた。元気いっぱい泳ぎ回っている。やがて三年もすれば産卵で増えるだろう。期待に胸が膨らんだ。

だが、ここからが大変だった。数日して行ってみると、金魚はまったく姿を消し、コイも二〜三匹が隅のほうに身を隠している。どうしたのだろう。近所の人に聞くと、笑いながら「朝早くから、サギが番をしているよ」という。なんということだ。とんだ番人がいたものだ。サギにすれば大変なご馳走にありつけたのだ。私は早速、コイ仲間の友人に話し、漁業用の古い網をわけてもらった。彼は海辺の親戚からそれを手に入れ、シカ除けの柵などに使うため、たくさん持っていたのだ。私はすぐに、網を針金で下支えし、池の表面に張りめぐらした。もう大丈夫だ。そして再び十数匹のコイを放流した。

ところが数日後には、またも魚影はなく、池は静まり返っていた。草陰からカエルが顔を出し、底のほうでオタマジャクシが身をくねらせて遊んでいる。なぜだ。「番人がいる」と言った近所の人に尋ねると、番人はいつも通りにいて、早朝から網の上を踊るように歩いているという。網目は一五センチ四方の大きさで、サギがその上を歩けば、下に撓(たわ)んで水面は目の前だ。じっと待って、金魚やコイが水面に上がってくれば、長い嘴(くちばし)でつつくのだ。私は落胆しながらも、むしろサギのしたたかさに感心してしまった。それを予想できなかった私のほうが甘かったのだ。

今度はサギの嘴が届かないよう、水面から五〇センチほどのところに網を張り直した。これで本当に大丈夫だ。しかし私は、この一〇日ほどのあいだに、コイを二十数匹も犠牲にしてしまった。私はコイへの詫びに、角ばった石を池の縁に立て、その脇に南天(なんてん)の木を植えてコイを供養(くよう)した。もはや養魚池は完璧になり、何の心配もないだろう。三度目の正直で、今度は思い切って、きれいな模様をもつ、少々値段の張るものを放流した。

アライグマかイタチか

ところがである。はじめ気づかなかったが、日がたつにつれて魚影が減っていくように思われた。さすがのサギも諦めたか、もう番をしてはいない。いつものように、近くの防火用水を兼ねた大きな池で何かをあさっては、アカマツの枝に止まって羽を休めている。原因のつかめないまま、魚影はまったく消え、またもカエルの楽園に戻ってしまった。とすると、さてはイタチかアライグマであろうか。池の側面には五〇センチほどの高さまで、細かな目の網を張り、容易に池に入れないようにしていたのだが。

今度ばかりは、私もすっかり落胆し、コイ煩い状態となった。いったん水を抜いて、しばらく様子を見ることにした。干上がった池の底についた動物の足跡らしきものを見つけ、ネットで調べると、それはアライグマだと思われた。おそらく間違いないであろう。

こうなったら、池の縁を板張りで土留めしていたのをブロックに替え、さらに五〇センチほど積み上げて、表面を金網でしっかり覆うしかない。しかし二〇〇坪を超える田畑の作業のせいか、近ごろ右腕がしびれ、作業ができにくくなっている。私も当面、打つ手がなくなった状態だ。

鳥獣害に向きあう

こうして私は、まるで終わりのないような、鳥獣たちとのイタチごっこを繰り返している。私のように、すでに職場を去り、年金で暮らす生活者なら、「イタチごっこ」などという気楽な言い方をしていれば済むが、農業を職業としている人たちにとっては、死活問題だ。

幸い村は、煎茶を中心としたお茶の生産・加工が盛んで、煎茶部門では農林水産大臣賞を何度も受けている。イノシシやシカも、そして鳥たちも茶畑を荒らすことはない。しかしほとんどの農家は、自家用、販売用のトマトやホウレンソウ、白菜などを栽培している。そのため野菜の切れ端やくず米が結構出るので、鶏を飼えば労せずして自家用の卵が手に入るのだが、イタチなどにやられるため、残念ながら皆とっくにやめてしまっている。

ここではおじいさん、おばあさんたちが元気で、朝から晩まで畑に行き、長年の腕を生かして、ありとあらゆる見事な野菜を作る。余れば村の直売所や周辺の市町の八百屋に出す。

コンニャクも芋を栽培して、自家製を食べる。山からは蕨(わらび)、ぜんまい、こごみ、タラの芽、コシアブラなどが採れ、畑の一部にユズ、ブルーベリー、梅、キウイ、柿、栗などが植えられ、また川べりにはセリやヨモギなどがいくらでも生えている。シイタケの自家用・販売用を生産する農家も多い。裏山には、やがて家を建て替えるときのための杉、檜だけは、手入れされ大きく育っている。まことに山野の幸に満ちている。

野菜や山菜はたいてい自家用の漬物にするし、果物はジャムなどにする。これら自給の品々を、スーパーなどの小売価格に換算していけば、相当の金額になるはずだ。思想家イリイチのいうシャドウ・ワーク（見えにくく金額化されないが、価値を生み出す影の労働）の概念を思い起こす。

しかしこうした自然と共生する穏やかな中山間農家の日々は、鳥獣たちの暗躍や農業をめぐる昨今の諸状況のなかで、このところ心配がつのるようになった。シカ用の柵作り、イノシシ対策の電気柵の設置など、手間と費用のかさむ事態が進んでいるのである。

サルたちの横暴で野菜作りをやめた町

私の野菜作りも、二百余坪となると、けっこう大変で、四家族分とはいいながら、少しずつ栽培技術が上がると余ってくる。そこで畑で声をかけてくれる人に話すと、「わしが紹介するから、隣町にある直売所にもっていったら」というので、なんと三年目からは小さな販売者となった。販売といってもわずかな金額だが、村に通うガソリン代の助けになる。直売所では、一袋一〇〇円の野菜を用意していくと、店先に並べてくれる。買う人は、周辺の農家と店の前の路線を行き交う大阪や奈良の人たちである。

この町も同じく、お茶の町だ。だが両者には大きな違いがある。私が通う村には、冬の寒さのせいか、いまのところサルは現われないが、直売を依頼する町には、三〇匹くらいのサル軍団がおそらく二つはあるという。私も通う途中、年に一～二度この軍団に出くわす。車が来ると、軍団は木から木へ、茂みから茂みへ、ざわざわと音を立てて動きながら様子をうかがう。サルは賢く、たいていの防除策はクリアしてしまうので、ほとんど打つ手がない。人間のほうが、お手上げなのだ。

この町の農家は、サルが出現してからは野菜作りから撤退した。なかには、庭先の畑を横も上も金網ですっぽり覆って栽培している家も見かけるが、お茶に特化していて、野菜は自家用さえも購入するようになった。農家の人たちは、野菜の形や大小にはこだわらない。味に変わりはないことを知っている。だから私のような素人の作ったものでも、農薬は使っておらず、標高五〇〇メートルの村で寒暖の差に耐えたおいしい野菜であることがわかるのである。車で通りがかる大阪や奈良の人たちは、安さと新鮮さにひかれて買っていく。

先に述べたように、すべて一袋一〇〇円で、スーパーと比べると量は多く入っているので、ほとんどが一般の半値である。それでも出すほうにとっては、仲買人の引きとり価格よりましで、生産者にはメリットがあるといってよい。獣害の拡大、農業者の高齢化、いろいろな野菜を少しずつ作る「少量多品目生産」の普及などを背景として、直売所が全国的に急増している理由を、農業経済学者として、身をもって体験したのである。

隣町では、サル軍団の出現で野菜から撤退した分、いっそうお茶に力を入れるようになった。「茶源郷」と呼ばれるこの町は、「日本で一番美しい村」の一つでもある。それを名乗る地域は全国に五〇前後あるが、連盟を作って承認しあっている。

またこの地域では、さらに進んで主婦たちが中心となり、ご当地お茶弁当をはじめ、お茶を使った食品を数知れず案出し、お茶カフェで販売している。さらに内外から茶摘み体験隊が駆けつける。海外からの若い女性が宿泊所に滞在して茶摘みをする光景があるのも、この町ならではだ。

いま農政は、農業生産(一次)だけでなく、その生産物の加工(二次)、流通(三次)へも乗り出すよう農村の多角産業化=六次産業化を推進しているが、立派にお茶の六次産業化を進めているといってもよい。

また、サル害に見舞われても、大都市に近くて農外就業も可能な、このような町は方法があるかもしれない。しかし、すべての町がこのようにできるわけではない。

いま、全国の町や村は、鳥獣害に悩まされるようになっている。研究者として現場を見てきていて、わかっているつもりだったが、その戸惑いや苦しみを、みずから痛切に体験したのであった。

第2章　街なかを闊歩する野生鳥獣

鳥獣害はいまや農業・農村だけの問題ではない。燃料が薪炭からガス・石油に代わり、海外から安価な木材が輸入され、人々が山から離れ、農村の若者が都市へと向かった。一九七〇年ごろから、イノシシやシカ、クマといった野生鳥獣が徐々に増加し、山を占領し、里に進出し、ついには街なかに姿を現わしはじめている。その過程はのちに詳しく述べるが、まずは多くの人々にとって身近な生活の場で起こりつつある状況から見ていくこととする。

1　神戸市街を行くイノシシたち

イノシシの出現

神戸市は日本有数の貿易港をもち、阪神工業地帯の中心に位置する、人口一五〇万を超える政令指定都市である。その街なかに、招かれざる客イノシシが出没するようになったのは、一九九〇年代初頭からである。

図2-1は、六甲山を背負う神戸市の、二〇〇一年度以降のイノシシによる人身事故件数や苦情件数を示したものだ。市役所や警察などに通報や苦情が寄せられる件数がしだいに増え、

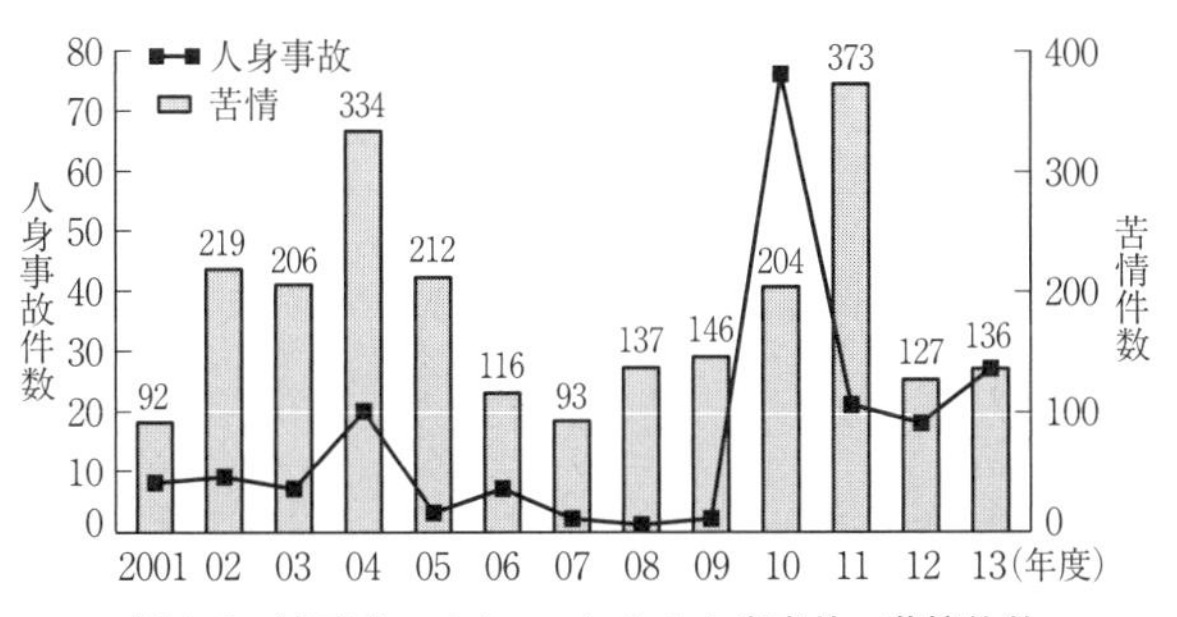

図 2-1　神戸市のイノシシによる人身事故・苦情件数
注：人身事故については二次災害(イノシシに追いかけられ転んだ場合など)も含まれる.
出典：兵庫県資料「イノシシ管理計画」2015 年 3 月より作成.

もっとも多い二〇一一年度には年間三七三件にも達し、人身事故は二〇一〇年度に七六件発生している。それにともない、後で述べるように捕獲頭数も七〇〇前後になっている。

イノシシの出没は、山間部に近い東灘区、灘区、中央区などに始まり、しだいに全域化し、芦屋市などの隣接地域にも拡大している。

イノシシ出没の背景には、神戸市街が瀬戸内海と六甲山地に挟まれ、横長に市域が展開していることがある。すぐ背後に広がる六甲山地にはイノシシやシカ、近年は外来のアライグマなどが多数生息しているのである。

かつて六甲山地は、近隣地区の燃料や建築資材の供給地として林木が伐採され、とくに人口が増加した江戸時代後期から明治にかけてはついにはげ山となり、動物たちの生息域としても適さない状態になった。しかも急斜面が多く、山崩れや水害が多発するようになった。
一九〇〇年ごろから植林や治山・治水工事がなされ、森林として復活した。そして再び動物たちの棲みかとなった。加えて一九五六年に瀬戸内海国立公園に編入され、六甲山系の南側一帯が鳥獣保護区に指定されて狩猟が禁止されたことなども、動物が増える大きな要因となったのである。

そうして増えた動物たち、とくにイノシシに登山者が食べ物を投げ与え、イノシシも人間を敵視せず、食べ物をくれる者として認識するようになったという。人間の側では、善意としての餌づけ状態になり、さらには目の前で野生動物が餌をねだり遊ぶ姿が見られるというので、「芦屋イノシシ村」と呼ばれる場所が誕生した。

しかし、イノシシたちの行動はしだいに大胆となり、食べ物を求めて山を下り、市街地に姿を見せるようになった。神戸市内では、人はイノシシがいても気にせず、イノシシも信号まで守って歩道を行くといった不思議な光景が珍しくなくなっている。中国新聞取材班が書いた『猪変』では、「人とイノシシが行き交う、横断歩道の奇妙な共存」と述べ、互いに気にもかけない様子で歩道をすれ違う写真を紹介している。

しかしイノシシは人間のような理性の持ち主ではなく、人間が食べ物を取りだすリュックや

山から街へと姿を現わすイノシシ(兵庫県森林動物研究センター提供).

ビニール袋を見て、時には人を襲ってそれを奪おうとするようになった。市街地では、いたるところに侵入し、糞尿を撒き散らした。とりわけ警戒心の強くなる繁殖期などには、人を襲い、体当たりをして噛みつき、ゴミ箱をあさり、交通事故の原因ともなった。

イノシシは自然条件により頭数の増減が著しいといわれるが、被害はしだいに常態化している。

二〇一五年九月八日夕刻、NHKのラジオ放送から、神戸市のイノシシ被害のニュースが聞こえてきた。灘区で自転車に乗った人がイノシシに体当たりされ、転倒してけがをし、また女性が追いかけられるなど四人の通行人が被害を受けたという。この日、中央区でも一人が襲われた。これが同じイノシシの仕業かどうかは不明だ、というニュースだ。

登山者を追いかけてリュックを奪う、街なかで女性に体当たりして買い物袋を狙う。新聞などで、こうした事例が少なからず報道されている。

全国初の「いのしし条例」制定

こうした実態に危機感をいだいた神戸市では、有識者を集めて検討した結果、市民に呼びかけ、啓発するため、「いのししの出没及びいのししからの危害の防止に関する条例」が、二〇〇二年に定められた。

人とイノシシが棲み場所を異にする「共存」は可能でも、同じ場所での「共存」には、市民の側によほどの注意深さが必要と判断されたのである。

農業被害以外で害獣対策の条例は、全国的にもきわめて珍しい。

条例の主な内容を整理すると、①市民がイノシシについて正しい知識をもち、自衛する、②食物を与え、結果的にイノシシを生活圏に誘導する餌づけ行為を禁止し、ひいては食べ物をみだりに放置したり捨てたりせず、また作物の残渣(ざんさ)の安易な放置を避けるなど、市民のマナーに期待する、③出没の顕著な地域について、市民の意見を聞いたうえで規制区域として指定・告示し、注意を呼びかける、④餌づけ行為に対し、市職員が質問し、あるいは市長がやめるよう勧告または命令することができる、⑤市民と動物の適切な関係をつくり、快適な生環境をつくる、⑥危害を加えた動物を捕獲する、となっている。

しかし依然として餌づけ行為はなくならず、二〇一四年に改正され、餌づけ禁止に従わなかった者については、氏名を含めその内容を公表する項目を付加した。

また二〇一三年には、同様の条例が西宮市でも施行された。六甲山地南域一帯で、いよいよ事態が切迫してきた様子がうかがえる。

揺れ動く市民の鳥獣観

イノシシへの餌づけには二種類ある。

一つは芦屋イノシシ村に象徴されるような、登山者などによる餌づけである。野生のイノシシが人間に慣れ、餌をねだる様子、とくにイノシシが五〜六頭の子ども(ウリ坊)を連れて目の前を走り回る姿は、おそらく誰でもかわいいと感じる。とくに子どもたちには人気がある。

もう一つは、市内を流れる天上川の河床に入り込んだイノシシへ餌を与えること。河床に段差があるため、市内をうろつかず危険がない代わりに、そこに閉じ込められた状況となり、居つくようになった。しかし河床は石張りやコンクリートとなっており、食べ物には限界がある。それを見た川辺の住民は、同情心から餌を与え、やがてかわいいとも感じるようになる。

他方、市内を徘徊し、ゴミをあさり、買い物袋を狙うイノシシたちは、ふだんはおとなしく、人と同じように歩道を行き交い、信号まで守って、あたかも人と共存しているように見えるが、いつ何をするかわからない。人は常時、袋などを持たないで歩くわけにもいかない。人は恐怖心を抱きながら、イノシシと目をあわさぬようにそそくさと行くほかはない。

住民がイノシシと共生すべく自衛策として取った対応について、鳥獣害問題の研究者である布施綾子は、次のような九項目にまとめている(「イノシシ餌付け禁止条例施行前後におけるイノシシ出没状況の変化と住民意識」)。

1　飼い犬をイノシシに向かっていかないようにしつけをする
2　クリーンステーション〔ゴミ収集場所〕の使用状況を自主的にチェック(ゴミ回収日の前日などその他の日にゴミが出されていないか)
3　当番ではない時でもゴミが散らかされていたらクリーンステーションを自主的に掃除
4　ビニール袋で物を持ち歩かずエコバッグを使用(イノシシが食べ物だと思って近づくため)
5　不用意にイノシシに近づかない、知らないふりをして通り過ぎる

6　イノシシを見てもそっとしておく、気に掛けない
7　庭に柵を作った
8　屋外で犬を飼う(日本犬がよい)
9　イノシシが来るので他の動物(タヌキやキツネ、シカ)にも餌付けを中止した

状況によって、人は野生の動物たちをかわいくも思い、恐怖心もわく。襲われて被害を受ければ憎しみの対象となる。都市・農村を問わず、人身被害か農作物被害かを問わず、人々は動物たちへの思い、距離の取り方、動物との向きあい方をめぐって、さまざまに揺れ動く。これだけ、人間の生活の場、生産の場に姿を現わすようになれば、私たちは新たな動物観、自然観を醸成し、それを基礎に向きあい方や保護管理対策を考える必要があるといえよう。

捕獲と個体数管理への道

最小限の住民の公的あるいは個人的な保全措置が図られた後は、被害が拡大しないよう捕殺するほかはない。この地域は先にも記したように国立公園に入っており、保護規定によって、むやみにイノシシを捕獲することはできず、害を及ぼした個体の捕獲、つまり「有害捕獲」(い

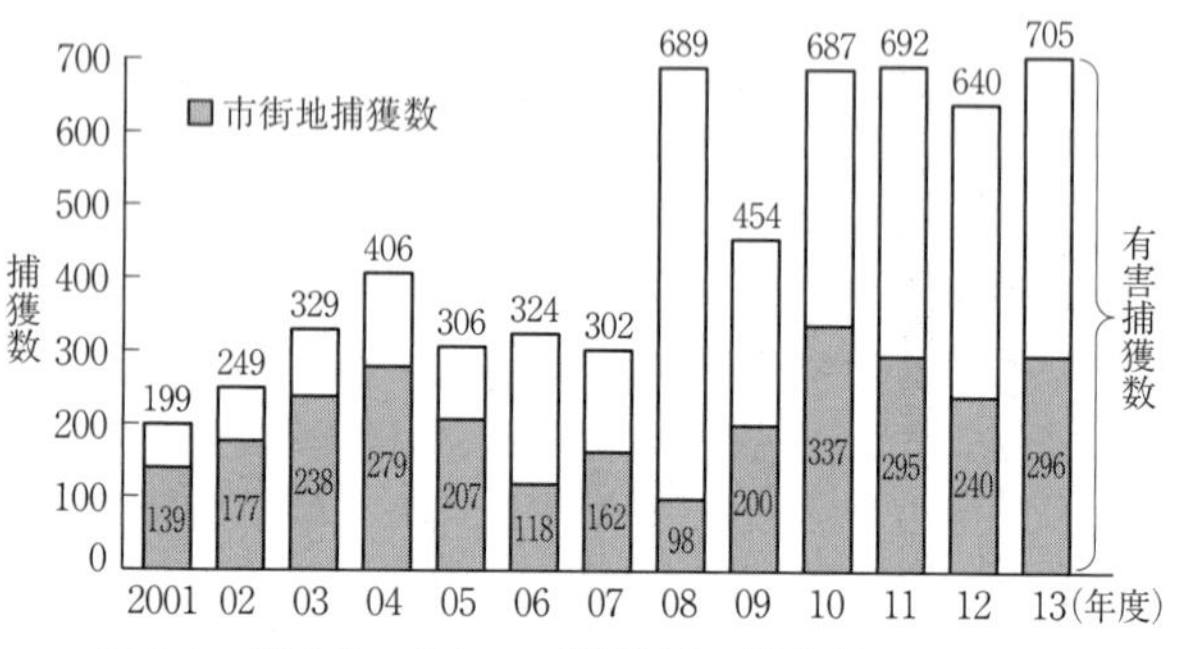

図 2-2　神戸市のイノシシ捕獲頭数の推移(市域，市街地)

注：有害捕獲数は神戸市内．市街地捕獲数は東灘・灘・中央・兵庫区内でのもの．

出典：兵庫県資料「イノシシ管理計画」2015 年 3 月より作成．

わゆる許可捕獲）がなされている。その場合、捕獲方法は罠（わな）に限られる。

人身被害や農業被害の拡大に苦慮した兵庫県は、イノシシの個体数管理を徹底することに乗り出している。①イノシシの狩猟期間の延長と、直径一二センチメートル以上のくくり罠の使用制限の解除、②生息密度を低減するため、妊娠期に焦点を当てた個体数調整の実施、③加害個体捕獲の体制を強化、④罠猟捕獲の支援、⑤新たな捕獲方式の導入、⑥他地域への放獣の抑制などである。

さらには住民のゴミ処理方法、集落ぐるみの対策強化体制、イノシシの生態調査の推進と知識の普及・啓発などを、いま本格化しようとしている。

図2-2のように、神戸市内だけについて見ても、年間七〇〇頭、うち市街地内で三〇〇頭前後を捕獲せ

ざるを得なくなっている。兵庫県全域では、近年一万〜一万八〇〇〇頭を捕獲するにいたっており、その多さに驚かされる。

地域によりばらつきはあるが、全国に生息するイノシシは、環境省の階層ベイズ法による推定値で、二〇一三年度に約九八万頭とされている。

農作物にとって、もっとも大きな被害をもたらすのがシカとイノシシである。農林水産省資料によると、二〇一三年度で全国のシカ被害は七六億円、イノシシ被害は五五億円となっている。

イノシシやシカは、川を泳ぎ海を渡り、それまで生息していなかった離島にまで進出していくことが瀬戸内地域で確認されており、その生命力の強さには格段のものがある。

2　クマの出没と人身被害——ヒグマとツキノワグマ

クマが多く出た二〇〇四年

オオカミなきあとは、人間にとって日本で一番恐ろしい野生動物はといえば、やはりクマであろう。もし山中でクマに出くわせば、生死にかかわる。

樹上から人里を見渡しているかのようなツキノワグマ(日本ツキノワグマ研究所・米田一彦所長提供).

とくに北海道のヒグマは、体長二メートル前後と体も大きく、とても素手では太刀打ちできない。本州に生息するツキノワグマは、体長一〜一・五メートルでやや小さいが、それでも出没回数は多くなり、人身事故が発生している。

これまで、動物が人に危害を加えた事件でもっとも有名なものは、一九一五(大正四)年一二月に、北海道の開拓地苫前(とままえ)村三毛別(さんけべつ)(当時)で起きた、死者七名の事件とされている(吉村昭の『羆嵐(くまあらし)』に詳しい)。この事件は、冬眠の時期を逃したヒグマが、命をつなぐため食物を探し、またみずからの縄張りに侵入してきた人々を、排除する行為でもあったとされる。これほどの悲惨さはないが、その後も、各地でクマに襲われる事件が相次いでいる。

二〇〇四年当時、私が住んでいた福井県では、表

表 2-1　福井県のクマ出没・対応・被害状況(2004〜14 年度)

年度	目撃等件数	捕獲頭数	放獣頭数	殺害頭数	保護飼育数	人身被害者(人)
2004	1333	243	74	169	0	15
05	95	9	0	0	0	0
06	1553	247	145	100	1	10
07	174	4	3	1	0	0
08	148	7	3	4	0	0
09	62	5	0	5	0	2
10	841	125	67	61	1	8
11	124	5	1	4	0	0
12	146	6	4	2	0	0
13	177	7	0	7	0	3
14	653	172	18	154	0	4

注：福井県自然環境課資料より作成.

2-1のように、目撃等件数一三三三、捕獲頭数二四三、奥山への放獣頭数七四、殺害頭数一六九、人身被害者一五人という大変な状況で、秋田県に次いでクマの出没や被害の多い地域であった。

こうした、クマが大量に出没する事態は数年に一回の頻度で起きている。クマは、山間部はもちろん、街なかにも現われた。

人がクマに襲われるのは、公園をジョギングあるいは散歩中、お墓の掃除中、畑での作業中、自宅周囲を掃除中、ドライブの休憩中などである。ツキノワグマはヒグマほど体は大きくないが、人間生活のごく日常的な場所や、市街地の消防署にも現われるなど、村も町も恐怖に襲われた。

突然のクマ騒動の背景について、この問題の担当者の見方をまとめると、次のようになる。①多発した台風や豪雨で、栗やドングリなどが早く落ちたり腐ったりした、②台風の気圧変化がクマに緊張状態を与えた、③人が、奥山はもちろん里山にも入らなくなった、④高齢者が増えて人里も寂しくなり、抵抗し追いかける若者がいない、⑤民家の柿や栗が、収穫されることもなく、食べに来てくれとばかりに、そのまま残っている、⑥杉、檜などの人工林が増え、木の実のなる天然の落葉樹林が減った、⑦里山が荒れ、耕作放棄地が広がり隠れる場所が増えた、⑧温暖化で冬がしのぎやすくなった（福井県資料ほか）。

共存への模索

一度捕えたクマの「放獣」についても各地で議論がなされたが、放す場合、トウガラシの辛みをクマの鼻にこすりつけるなど、人は恐ろしく里は怖いと思わせて檻(おり)から放ったという。ドングリが少なければ里に下り、多ければ子グマがたくさん生まれ、いずれにしても状況把握と予測が大切だと、やがて「ツキノワグマ出没対策連絡会」が設置された。パトロール調査をおこない、状況に応じ、連絡会から市長と市民、警察、猟友会に情報を提供し、「対策マニュアル」なども作成した。

クマの保護や共存も考え、人間の側で注意すべき事項が検討され、広くネットや広報誌のルートにのせられた。たとえば、次のようにである（福井県および県警資料「クマから身を守る基本」二〇〇五年などから筆者がまとめた）。

①クマにあわないため、山菜採りはほどほどにし、餌となる木の実のあるところへは行かない。頻繁に音を出して歩く。見通しの悪い場所は避け、ジョギングなどは時間帯を選ぶ。家の外に出るときは、クマがいないか確かめ、それを追い払ってから外出する。車庫や小屋には戸を閉めカギをかける。

②クマを引き寄せないため、ゴミや食べ物をどこにでも捨てない。墓の供え物はそのまま置かずに持ち帰る。収穫予定のない柿や栗、ギンナンなどは撤去する。

③クマにあってしまったら、あわてず騒がずゆっくり後退する。子連れグマにはとくに注意する。攻撃が避けられないときは地面に伏せて両手で首の後ろをガードする。

④目撃したら、すぐに役場や警察に連絡する。

このようにクマが頻繁に出れば、山野の幸に恵まれ、豊かな自然に囲まれていようとも、それを利用できず、農村生活のよさそのものが制約される。

また目撃件数などの数字を見れば、都市の人たちは、必要以上に、農村がいかに恐ろしいところかと思うかもしれない。田園回帰どころではない。

全国的なクマの害

こうしたクマ被害の具体的な全国状況については、日本クマネットワークの調査報告書「人里に出没するクマ対策の普及啓発および地域支援事業」、「クマ類の保護及び管理に関する現状」などがある。図2-3のように二〇一〇年のあいだに複数回の大量出没があり、それらの年には死亡事故も含む一〇〇件以上の人身被害が起きている。被害は、クマが人里に餌を求める場合と、人が登山、山菜採り、釣りなどのレジャーで山に入る場合に起こる。

クマは、本来人間との無用のあつれきを避けようとする動物だが、一定距離内に近づいた場合、あるいは子連れグマの場合、防御的に攻撃に移るという。クマの生態、性質をよく知り、これまで起きた事故の具体的な状況を記録し、対応方法を心得ていくことが大切としている。

事故は北海道から東北、甲信越地方に集中しており、発生場所は山林内、農地、住宅地で多い。また早朝がもっとも多く、夕刻から夜間にかけても発生している。日本には先にもふれたように北海道にヒグマ、本州にツキノワグマの二種があるが、死亡事故は、大きなヒグマのい

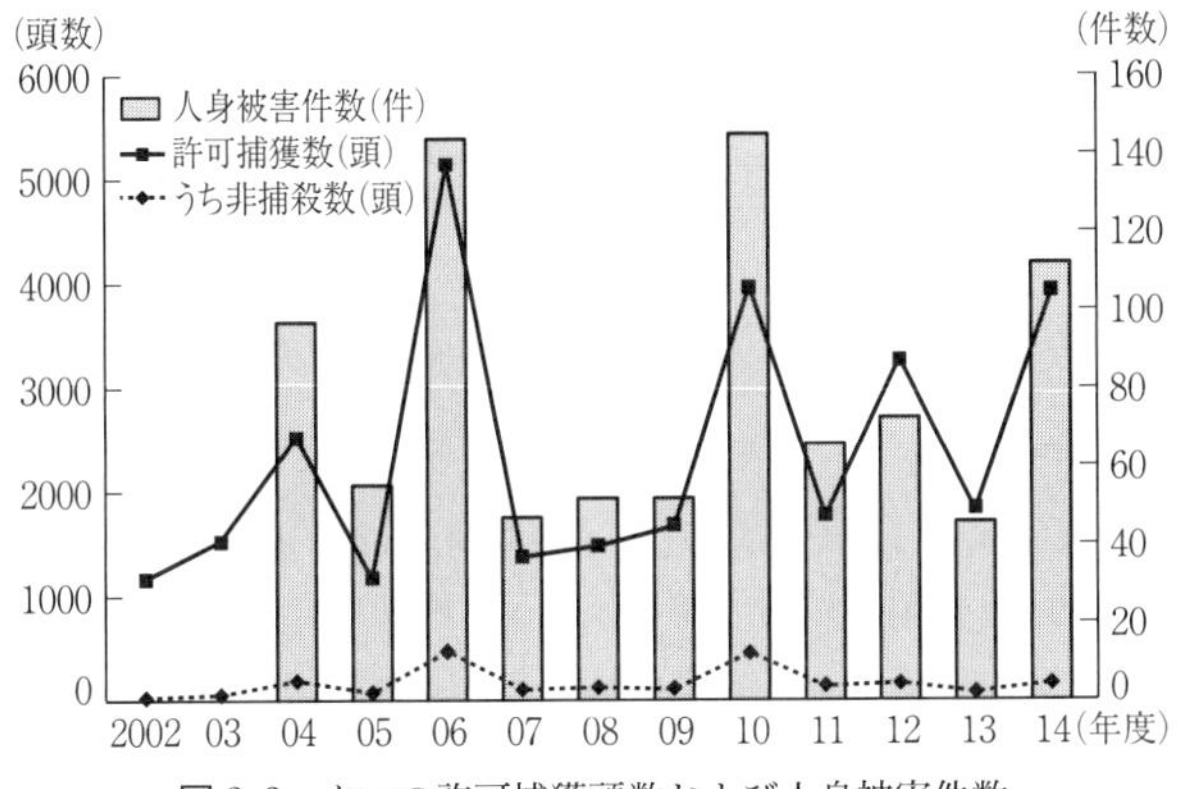

図 2-3　クマの許可捕獲頭数および人身被害件数
出典：日本クマネットワーク資料「クマ類の保護及び管理に関する現状」2015 年，8 頁（環境省ホームページより作成．2014 年度は 11 月までの数字）．

る北海道で格段に多いことなどが明らかにされている。

野生のクマの生息数は、正確には把握できないが、環境省の推定では、近年ヒグマが約二七〇〇頭（北海道庁推定では二〇一三年に二二四四〜六四七六頭、二〇一五年報道）、ツキノワグマが一万五六八五頭となっている。

先ほどの図2-3から、二〇一四年度までのクマの許可捕獲数（農業被害や人身被害で有害と認められた場合の許可による捕獲数）がわかる。平年は一五〇〇頭前後が捕獲され、大量出没の年には四〇〇〇頭から五〇〇〇頭が捕獲されている。しかし、この十余年間に全体としては増加してきている。クマの生息数の推定方法は、現在、環境省などによって開発中だが、先の捕獲数から見て、相当な数が存在し、かつ増加中であることが推察される。

なお、人とクマの不思議な共存の暮らしもある。北海道知床半島にはニシンやサケの漁をするための作業小屋「番屋」がある。漁師はここで寝泊まりして漁をし、網を繕(つくろ)い、半年の漁期を過ごす。そのすぐそばにはヒグマ三〇頭ほどの群れがフキを食べ、サケを求めてうろつくが、何事も起こらない。このような状態は数十年続いており、双方が黙認しあい、共存しているのである。このようなことは大変珍しく、特異な例といえよう(NHK総合テレビ「ダーウィンが来た!」二〇一二年一〇月七日放送)。

3　鉄道運行を妨げるシカやイノシシ

さらに、これまで述べてきた都市生活や農業にとっての害だけでなく、思わぬところで交通への被害がある。

私が福井に勤務していたころ、JR北陸線をよく利用した。そして出張からの帰りなど、夕刻から夜間にかけて、「ただいま列車が何かと衝突しました。しばらくお待ちください」といった車内放送とともに、三〇分前後停車したことが何度かある。ほとんどの場合、田畑に出ていたシカが、慌てて山に戻ろうとするところを、列車が撥ねたのであった。

大型の動物だから、衝突すれば車両の点検や動物死骸の処理が欠かせない。場合によっては脱線もないとはいえず、悩ましい問題だ。

図2-4によれば、運休や三〇分以上の遅れが出たケースは、二〇一四年度に五四三件にのぼり、しだいに増えている。

新聞報道でも、「動物よけ　悩む鉄路」と題し、山の脇を走る列車の苦労が紹介された。シカが七割、イノシシが二割の比率で線路上に現われ接触する。人身事故にもつながりかねないので、運行に支障をきたしているという。

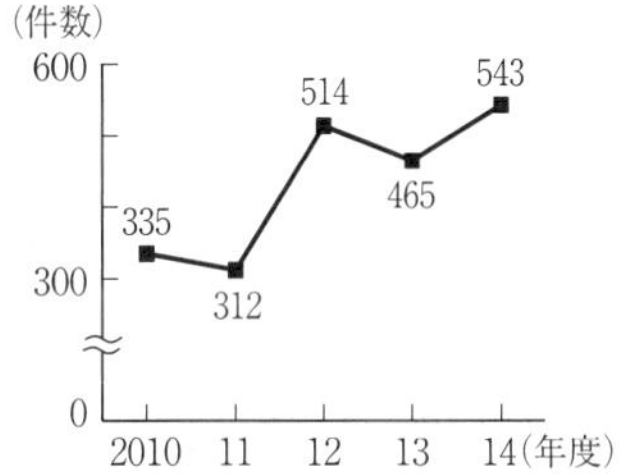

JRでは、①シカ除けの笛を鳴らす、②ライオンの糞やオオカミの尿を線路わきに撒く、③人のにおいのする髪を線路わきにつるす、④トウガラシの辛み成分を含ませた短冊をつるす、といったあれやこれやの対策を講じたが、近所からは臭いと苦情が出るし、においは続かず、そのうちシカも見抜いてしまう。

二メートルの高さの鉄柵を立てた部分もあったが、やがて柵のない場所から回り込んできたし、またいったん入ると列車が来

(件数)
600
300
0
2010　11　12　13　14(年度)
335　312　514　465　543

図 2-4　動物の接触による列車運休や 30 分以上の遅れの件数
出典：国土交通省鉄道局の統計.

ても柵のために逃げられず、今のところ、ほとんどお手上げの状態という(『朝日新聞』二〇一五年一〇月八日)。

JRなど、全国それぞれの鉄道会社の苦心惨憺(さんたん)ぶりが伝わってくる。しかしこれらの多くは、後に述べる北海道津別町でずいぶん前に失敗してきた対策でもあり、シカ対策について全国的な情報交換が必要であると思った。

なお、二〇一六年三月には、JR西日本が、今後、鹿検知通報装置を設置すると発表している。

瀬戸内の大三島では、平気で海を渡ることのできるイノシシたちが、群れをなしてミカン園を荒らしている。それを防御するとともに、肉を活用した食品を考え、販売しているという。

動物たちは、いま、さまざまな形で、人間生活にとって、愛しさを超えた、憎い害獣として立ち現われている。

第3章　農村に跳梁する野生

1　拡大する鳥獣害

人類の長く悩ましい闘い

鳥獣害の悩みは、日本だけでなく、世界のどこでも、農業の発生とともに始まったという。私はアフリカに四回、延べ五カ月の滞在経験があるが、そこでは稲作などが鳥の群れに悩まされている。稲穂が実りはじめると、家族は総出で〝鳥追い〟の作業に追われる。タンザニアのキロンベロ盆地では、クエレア・クエレアというスズメに似た小さな鳥の大群が稲穂の上を乱舞していた。各農家は、農地の一角に寝泊りできる簡単な見張り小屋を建て、たくさんの泥団子を用意し、鳥の群れが来ると声をあげて投げつける。また空き缶に石ころを入れ、いくつかを縄につるしガラガラと音を立てて脅していた。

現地の人によれば、概して鳥は一日のあいだに早朝、昼前、日暮れ前の三度、食事をするという。人間と同じである。農家は家族が交代で、自分の農地を守る。祖父母が食事を作り、子どもが見張り小屋まで運ぶ。鳥追いをしなければ、収穫はほとんどゼロとなる。それぞれの農家に追われ、鳥はあちこちと乱舞しつつ稲田を襲う。日本では厳しい冬があって鳥の数は制約されるが、タンザニアは年中高温で、餌さえあれば鳥はとめどなく増え続ける。

日本では、かつての鳥獣害との闘いの跡も多く残っている。

たとえば農地へのイノシシなどの侵入を防ぐための、盛り土と溝を組みあわせたり、竹や木で粗く編んだ垣根などの「イノシシ垣（がき）」や「シカ垣」が、各地に残されている。また稲田の外側一メートルほどの幅に、イノシシの嫌う〝シシまたぎ〟という品種の稲を植えていた。この品種は穂先にトゲのような長い毛が多く、食べればのどを刺すので、内側の稲が守られるのである。江戸時代に入ってからは、マタギ（狩人）の猟や侵入動物の駆除に銃が用いられるようになった。

野生鳥獣たちの見た日本の里

一般にクマは、人に大きな危害を加える点で、すぐ世間の話題になる。しかしサル、イノシシ、シカなどの場合、人への被害は少ないが、農地に現われ、遠慮なく作物を荒らす。いわゆる農村鳥獣害問題だが、農家にとっては深刻でも、人口の大半を占める都市住民にはそれほど注目されることはない。しかし、自給自足の段階ならともかく、商品生産となれば農家にとって作物への被害は大変で、生活に窮し、お手上げとなる。

人が山に入り、熱心に田畑を耕し、里には元気のいい若者や子どもたちがたくさんいたころは、まだ動物たちは奥山に潜み、遠慮していた。里に出て悪さをすれば、子どもの集団にはやし立てられ、若者たちに追いかけられ、時には命を落とす。そのことが身に沁みているのは、何よりも動物たち自身だったであろう。

しかし高度成長下における、木材・木炭からガス・電気への燃料の転換、家屋用などの木材輸入の増大、建築素材の変化などから、私たちが国内の山林を利用する頻度は大きく低下した。動物たちは、山の上から人間界を眺めながら、里はいま活力を失い、ひょっとすると、自分たちの生活圏の一部にできるかもしれないことを見抜いているのである。若者は去り、子どもたちの元気な声はめっきり少なくなり、ゆったりと足を運ぶお年寄りたちは、動物が畑で悪さをしても追いかける元気はない。

いま、農山村を車で走ってみるとよくわかる。かつて熟した柿を争って採り、あるいは家族でつるし柿を作っていたころの面影はない。柿はたわわに実ったそのままに採る人もなく、遠くから見ればまるで満開の花の木のようだ。その赤は、人影の少ない農家の白壁に映えて、遠くからも目立つ。

グミや野イチゴの実も、イチジクや栗も、おいしい米も新鮮な野菜も、また鶏やコイなども、

田畑を駆け抜けるシカの群れ(宮崎県延岡市の場合．同市の安藤重徳氏提供)．

里に出れば容易に手に入ることを、動物たちは知ったのである。

もっとも、動物たちが増えて里に出るようになったのは、人間の動きもあるが、自然林の回復も影響しているという見方もある。

和歌山県は生息するシカが五万三〇〇〇頭にのぼり、年間三億円余りの農林業被害が出るようになり、講師を招いて対策研修会を開いた。講師の林学研究者、鈴木正嗣は、「里山の荒廃や天然林の減少で、動物が食べ物を求めて人の生活圏まで入りこんでいるとの考えが一般的だが、それは誤解だ。……自然環境の回復にともなって動物の分布範囲が拡大していることが主要因だ。日本は今、森林飽和の状態にある」と言っている(『JA紀南』二〇一五年一一月号)。

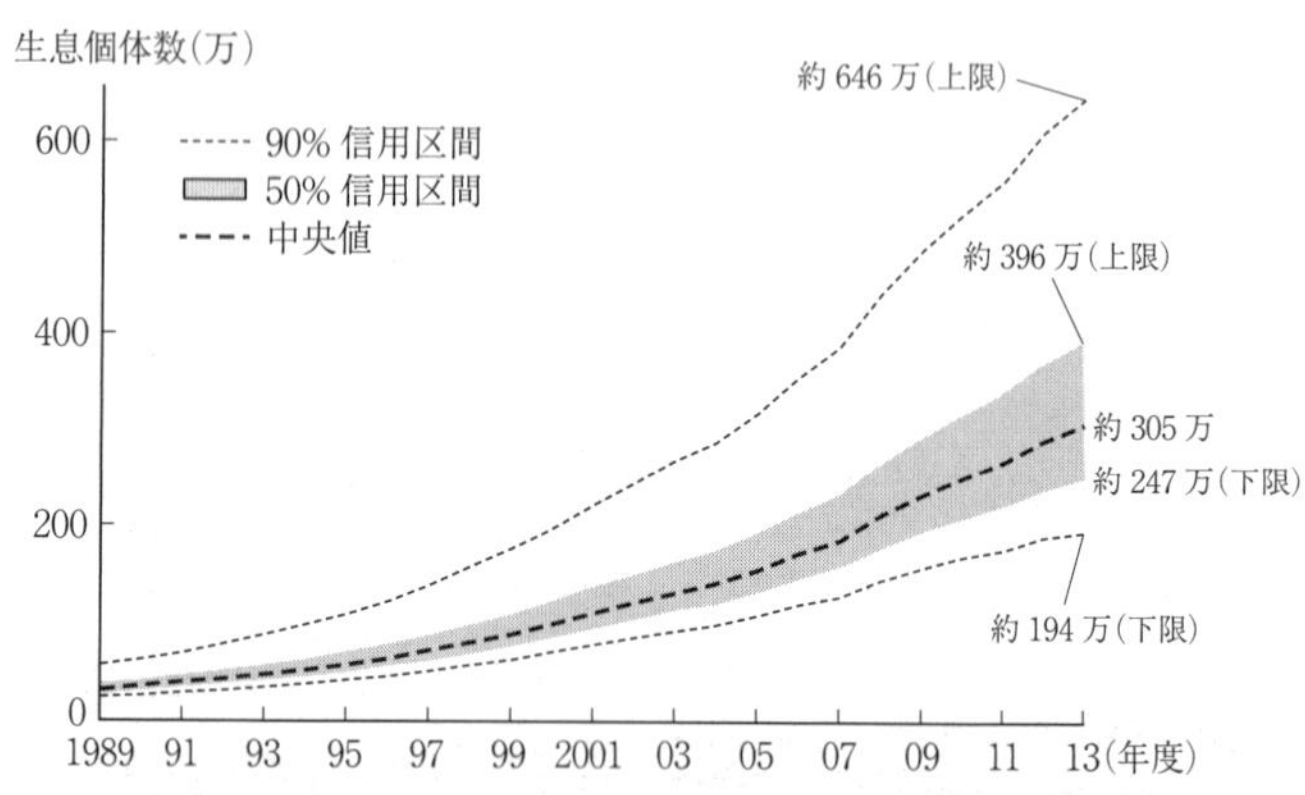

図 3-1　ニホンジカの生息個体数推定値推移
注：2013 年度の北海道エゾシカは約 54 万頭．北海道資料．
出典：環境省・農林水産省資料．

木材の輸入自由化で、国産材を使わなくなったことが原因ともいえるが、自然林の回復にも注目しておく必要がある。

野生鳥獣の急増と農林業被害

いずれにしても、一九七〇年以降、野生鳥獣たちが徐々に増え、やがて一九九〇年代の後半から急速に膨れ上がっていったことは間違いない。図3−1、図3−2のように、環境省などは、もっとも被害の多いシカとイノシシなどの生息個体数について推定値を出している。

図3−1と図3−2の示す数字は、あくまで推定値であり、幅をもたせて示されている。ニホンジカは二〇一三年度で、少なく見積もっても約一九四万頭、多く見積もれば約六四六万頭、中央値は

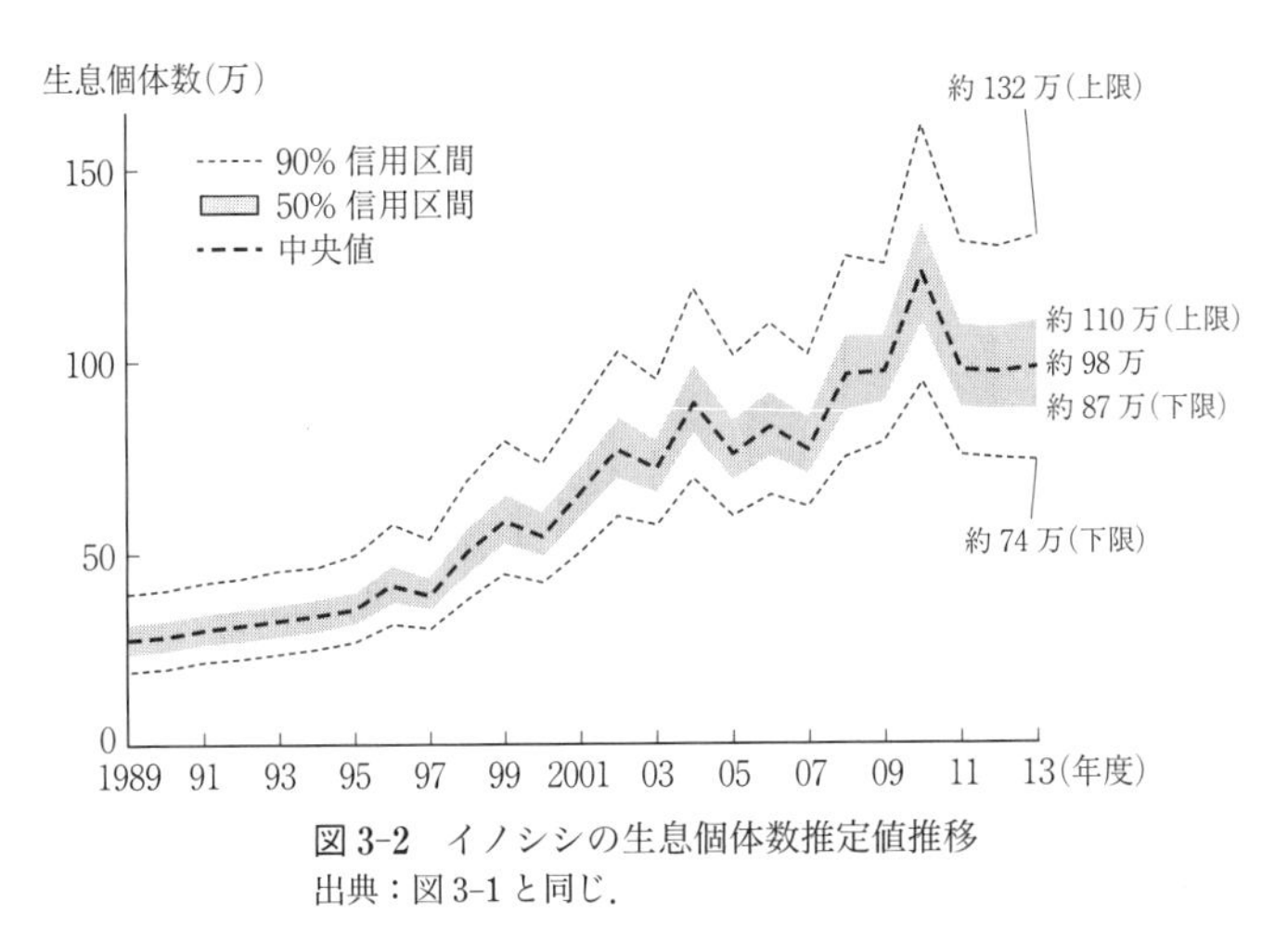

図 3-2　イノシシの生息個体数推定値推移
出典：図 3-1 と同じ.

約三〇五万頭となっている。

なお二〇一三年度には、約三八万頭のニホンジカが捕獲された。

またイノシシは、二〇一三年度に、少なく見積もっても約七四万頭、多く見積もると約一三二万頭、中央値は約九八万頭となっている。この年度に、約四五万頭が捕獲されている。

ニホンジカもイノシシも、この二〇年間に、生息個体数は三～五倍となっている。

このように増えた野生鳥獣が、村にも町にも姿を現わし、人身被害や農林業への被害が起こっている。

図3-3は、二〇一四年度までの野生鳥獣による農作物被害金額の推移である。徐々に増えた鳥獣害による被害金額は、二〇一四年度では一九一

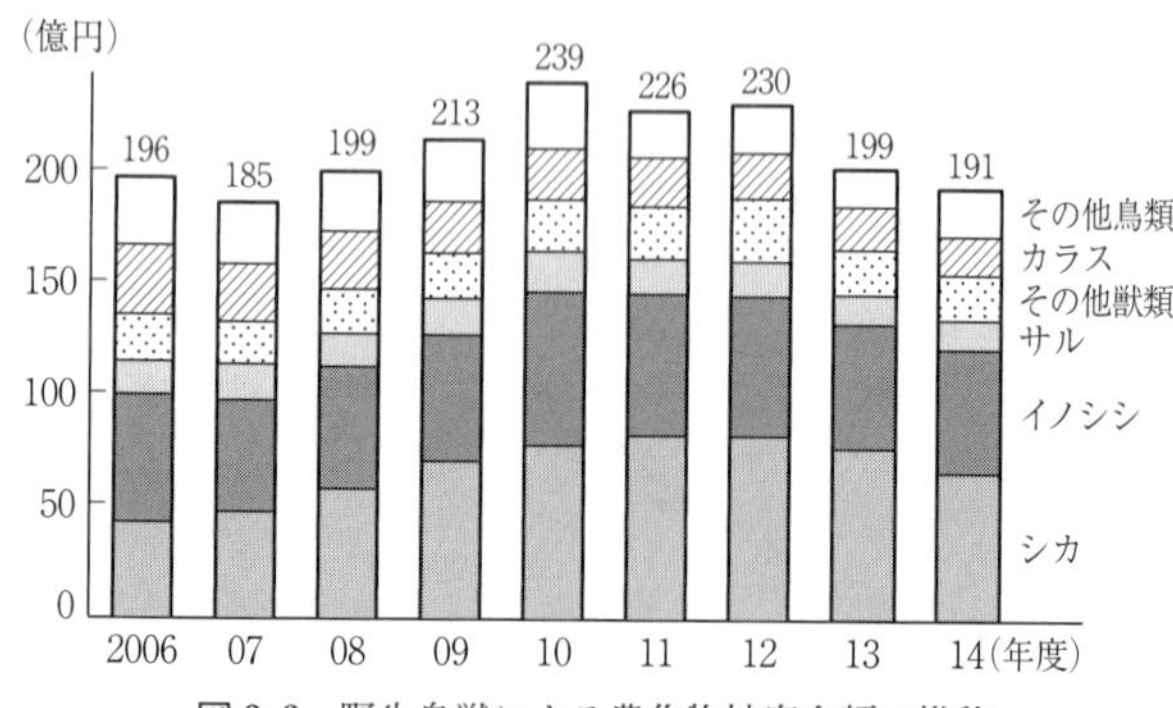

図 3-3　野生鳥獣による農作物被害金額の推移
出典：農林水産省資料.

億円である。そのうちシカが約六五億円、イノシシが約五五億円、サルが一三億円、カラスを含む鳥類が三八億円ほどだ。

農林統計(二〇一二年度)の都道府県別被害額をみると、北海道、鹿児島、長野、秋田、三重、新潟などがとりわけ多いが、いまや全国的に広がっている。

また二〇〇〇年ごろまではカラスやスズメなどの鳥害が大きな比重を占めていたが、しだいに獣被害のほうが増大し、最近はほとんどを占めている。

じつはこうした被害のため、しだいに農地を放棄し、栽培をやめていった農家は数知れない。栽培しなければ、被害額として表われてはこない。被害によって、生産意欲の低下と耕作放棄地の拡大が起こることが問題だ。

図3-4は、耕作放棄地の発生の推移を見たものだ。高齢化、農外就業などさまざまな理由で、農地を荒らし

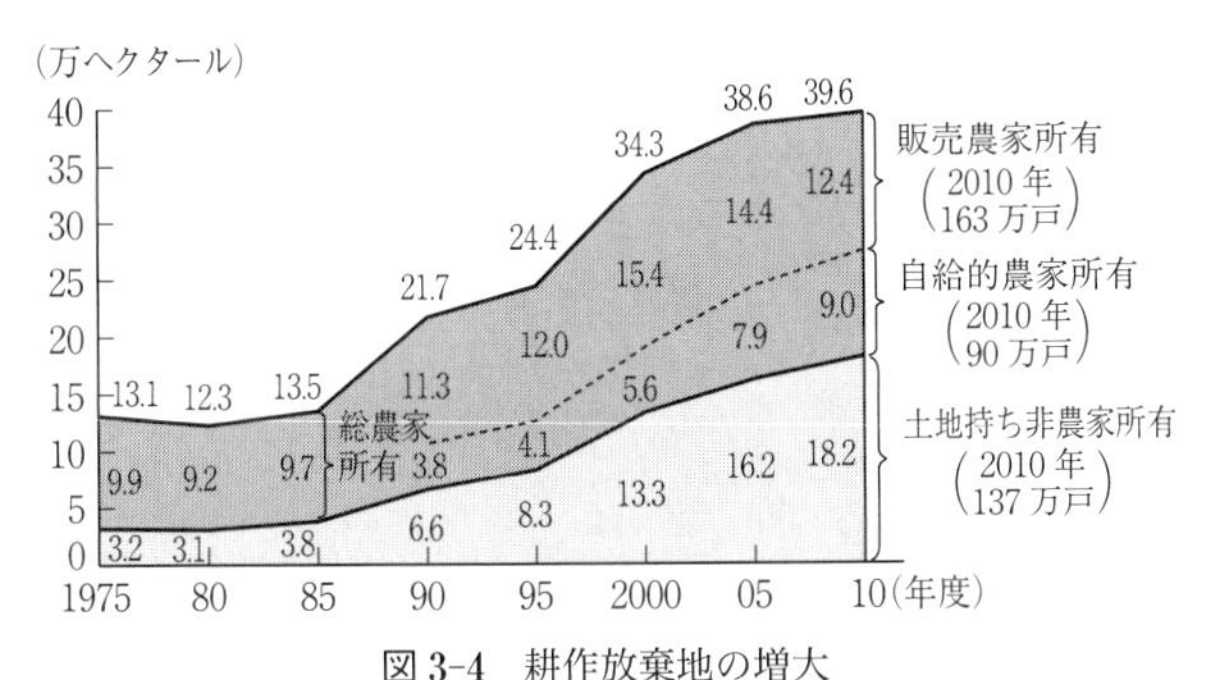

図 3-4　耕作放棄地の増大

注：右端のカッコ内は全体の農家世帯数で，耕作放棄地のない農家も含む．販売農家とは経営面積30アール以上，農産物販売金額50万円以上の農家．自給的農家とは経営面積が30アール未満で，かつ農産物販売金額が50万円未満の農家．土地持ち非農家とは農家以外で耕地および耕作放棄地を合わせて5アール以上所有する世帯をいう．1985年以前は販売農家，自給的農家の区分がない．

出典：2012年度『食料・農業・農村の動向』．数字は農林業センサスより．

たまま農業を離れる農家も少なくない。続けている農家でも、鳥獣害の激しい場所を放置していく。放棄地の発生により、さらに鳥獣は集落に近づき、新たな害が進むといった悪循環が起こっているように思う。

加えて森林被害も見逃せない。森林被害といえば、シカによる幼齢木や植栽木の葉、樹皮などの摂食、角こすりによる剥皮、クマの樹皮剥ぎ、イノシシのタケノコ食害、ウサギやネズミの枝葉、樹皮、根などの摂食、サルのシイタケ食害、クマの栗園被害などである。河川ではカワウが増加し、アユ漁などに大きな影響を与えているという。

日本の農業は、そうでなくても低コスト生産が可能なアメリカなどの大農園農業に押されているうえに、このような鳥獣害対策のコストにも悩まされている。

アメリカなどでは、見渡す限り広大かつ平坦な農地が広がり、鳥獣害など発生する余地は少ない。こうした人間の努力の範囲を超えた差異には、TPP(環太平洋パートナーシップ)協定など貿易の自由化を促進するのであれば、経済的・政治的な観点からの農林業を保全するための配慮が必要だが、いまのところ十分とは言えない。

外来動植物の問題

また獣害のなかには、生息地域拡大中の外来動物であるハクビシン、アライグマ、ヌートリアなどが含まれる。都市でも農村でも、これらの動物の被害がしだいに増加しつつある。

人気(ひとけ)の少ない寺や神社の建物に住みついて荒らし、果実を狙い、池のコイや金魚を取り、他の在来動物を圧倒する。東京などの大都市でも、広い公園などでは、アライグマなどに対抗する大型の動物が少ないので、意外に暮らしやすく、増加している。いわば〝野生動物の隣人化〟(『日本経済新聞』二〇一六年一月二六日)が起こっているといえよう。

現在すでに外来動物は、数千種にのぼるといわれている。また、日本が大量に輸入する飼料などに交じって入った多数の外来植物が、定着して雑草化している。日本の気候に適したものであれば爆発的に拡大し、在来の植物を圧倒し、田畑にはびこってくる。なかには、放っておくと木のように大きくなるものもあり、農家を困惑させている。

また外来の魚介類も漁業に大きな被害を与えている。琵琶湖のブラックバスやブルーギルの繁殖による在来魚への圧迫と漁業被害が、淡水の河川や湖沼はもちろん、海域にも広がっている。海外から珍しい魚介類や動物を持ち帰り、結局野外に捨てられてはびこるケースが多い。海域の場合は、各国を往来する大型船舶が積み荷の量と船体のバランスを取るため、重しとして港で船底に出し入れする海水(バラスト水)といっしょに運ばれて広がっていく。

これらは気象条件などが合わなければ消滅していくが、適合すれば拡散し、害獣・雑草になるだけでなく、在来種の減少、新雑種の誕生などが起こり、日本独自の生態系全体が大きく変化し、崩れていく可能性もある。

いずれにしても、国際化の進むなかで、人やモノの往来が活発になるにつれ、このようなことは避けがたい状況にある。人、そして人の必要とするモノだけが移動し、他のものは移動させないというのは、人間の傲慢さともいえるし、ほとんど不可能であろう。

2 「害獣の価値」論の登場

ディープ・エコロジーの衝撃

これまで述べたように、鳥獣たちの急増とそれによる被害の状況は、とりわけ農村において深刻なものとなった。最近は都市部においても鳥獣が出没し、新聞やテレビでもよく報道されるようになり、日常茶飯事のようになった。

私は山陰の中国山地の裾野で育ったが、少年時代には、村ではイノシシやシカの害などまったくなかった。地域によってさまざまだが、一九六〇年代から七〇年代に入ると、日本の各地で農家が鳥獣害に悩まされはじめた。他方しだいに公害問題、環境問題が厳しさを増しており、人間と自然の関係についての関心は高まっていた。

そうしたある日、京都市内の書店に立ち寄り、環境問題を論じる翻訳書をめくると、「害獣の価値」という言葉が私の目に飛び込んできた。農学者である私は、田畑を荒らす獣は農業空間から排除するほかはないと考えていたから、それさえも問題視する意味なのかと、大きな衝撃を受けたことを覚えている。害獣が価値をもつという、このパラドキシカルな言葉は、いったい何を意味するのか、十分に検討しなければと思った。一九八〇年ごろのことである。

この主張は、自然の権利、動物の権利を掲げる、欧米発のいわゆるディープ・エコロジーの立場に立つ人たちから提起されたものであった。彼らは同時に、動物が人間と同じような「感情」をもっているとの主張をし、動物の「権利」論と結びつけていることを知った。私には「害獣の価値」という概念も、「動物が人間と同じような感情をもつ」という主張も、当初驚きであった。前者については、農業などに害があっても、他の価値があり、保護あるいは愛護しなければならないということであり、当初の衝撃はしだいに薄らぎ、ある程度理解できた。しかし「動物に感情がある」という、このような当然のことが、なぜいまごろ議論されるのか、こちらはむしろ驚きが大きくなった。

動物の感情や権利

私は、山陰地方の約二ヘクタールの水田を耕作する中堅の農家に生まれた。少年時代には、仔馬の誕生や成育を庭先で経験し、しばしば農耕馬に鞍をつけて、近くの大川の流れで水を飲ませるために連れ出し、農道を疾駆(しっく)したりした。それは私の大きな楽しみでもあった。

また餌の稲わらを刻み、馬車を曳(ひ)かせ、田を起こし、かつて沼沢(しょうたく)の地であった村の粘土質の土を、この地域独特の「干し田めぎ」という乗用機械で砕土(さいど)する作業もした。

とくに夏休みには、毎日のように馬を運動に連れ出したが、庭先につないだ馬もその時を待っている。夕方になり、そろそろ連れ出そうと考えていると、私には馬のほうもそわそわしているのがわかった。私が出ていくと、首を振り、尾を揺らして嬉しさを表わすのである。家畜の感情や癖などがわかり、その頼もしさやかわいさも心に残っている。

犬などは、もっと明らかに喜怒哀楽を表現する。それどころか、場合によっては人間以上の情感を示すのである。それなのに、なぜ今ごろ「動物も感情をもつ」などというわかりきった議論が、専門家によってなされるのか、不思議でならなかったのである。

デカルトをしっかり読んでいなかった、私の勉強不足でもあった。

ディープ・エコロジーの関連書はいずれも、近代科学の基礎理念を確立したデカルトが動物には人間と異なり、理性や感情がなく、一種の機械である(『方法序説』)といっていること、またキリスト教では、動物は人間によって利用され、食されるのは当然で、そのためにこそ世界に生を受けたとされてきたことについて触れ、その不当性を訴えている。欧米における動物理解の背景に、このような考え方が長く厳然としてあることを改めて知ったのである。

もし動物は人間のような理性をもたない機械であり、人間の思いのままにしてよいという前提に立って、自然や環境問題を考え、家畜に向きあい、鳥獣害問題に対峙するとすれば、大きな間違いを犯すことになる。そして農業者には、まったく誤った農学が提示されることになるであろう。しかし一九七〇～八〇年代、その西洋から、動物にも感情があり、人間の権利と等しい動物の権利があるとする、従来の考えを覆す問題提起がなされたのであった。

シンガーの「動物の解放」

現代の工業社会の環境問題と絡め、動物観、自然観を根底から問いなおそうとしたのがディープ・エコロジーの思想であった。自然の根本的な再認識と、各地域での、そして地球規模での環境問題、地球温暖化への警鐘であり、動植物の保全と生物多様性の確保などの取り組みへの呼びかけであった。その先駆者となったのはシンガーやアーネスである。

シンガーは、『動物の解放』(*Animal Liberation*, 1975)によって、もっとも早くから動物の権利について問題提起をした人物として知られる。この本は人間と自然に関する、立ち入った議論を呼び起こす原点となった。彼のいう動物の解放とは何か。彼は動物が苦痛や恐怖、喜びといった人間と同じような感情をもっていること、いわば「感覚性を有する生き物(sentient animal)」という点に着眼する。そして「人が動物に、あらぬ苦痛を与えることは許されない」

との思想にいたり、動物もまた道徳的地位をもつものとしている。それを象徴するキーワードが、「動物の権利」なのである。シンガーはキリスト教社会の底流にあった考え方を改めて浮き彫りにし、工業化社会の諸課題と絡めて問題提起したといえよう。

シンガーはまた、その延長線上で、科学の根拠を築いたデカルト哲学を批判する。デカルトの動物機械論は、動物は不死の魂をもっていないというキリスト教の教義から、さらには動物は何の意識ももっていないという驚くべき結論に導いたというのである。

シンガーは、現代社会が肉食を無条件に許容しているだけではなく、動物たちを狭い空間に閉じ込めて自由を奪い、そのため病気にならないよう、あらかじめ抗生物質などの薬剤を飼料に混ぜるなど、徹底した食料生産工場化していると説く。ディープ・エコロジーの矛先は、闘牛などの人間の娯楽、あるいは家畜を過度に働かせるといったことだけでなく、現代の大規模畜産方式にも向けられているのである。

菜食主義

シンガーは肉を食べないことを最善と考えているが、強制はできず、食べるか食べないか、どう食べるかについては各個人の選択にゆだねている。できれば工場的畜産の肉を避け、有機農業的な方法による肉を選び、生産方法の改善に期待すべきだとする。魚はやや異なるが、やはり魚も振動による音を発しているとの研究結果があるとし、「食べることを避けよ」(前掲書)という。こうしてシンガー自身は、肉を食べない菜食主義者(ベジタリアン)となった。

シンガーに追随するリンゼイは、動物解放運動の広がりと、菜食主義者の増加に期待した。その変化の背後には「深い感受性の変化」があり、動物たちが人間のために奉仕する機械、道具、有用品、資源であるという人間中心主義の考えから、動物もまた価値をもち、独自の尊厳と権利を有するという考えへの移行を願う(『神は何のために動物を造ったのか』)。そして「キリスト教神学は、新しい未来の世界について、……緊急かつ継続的責任をもっている」と述べ、キリスト教がこの新しい動物解放運動に軸足を合わせるべきであると主張するのである。

その際注目しておくべきことは、菜食主義者の植物論である。

動物については思いを高ぶらせるシンガーだが、アリストテレスから西洋キリスト教社会にいたる動物差別を〝種差別〟として否定しながら、植物に対しては「植物が苦痛を感じると信ずべき(科学的)理由は見当たらない」(シンガー、前掲書)という一点において、植物を食べることと、菜食主義者になることを肯定する。それだけでなく、植物が苦痛を感じないといえるのかと迫る人は、「実際は肉を食べるための口実を探しているだけだ」と主張するのである。

ここまできて、私自身はシンガーの単純さにかえって不安を感じる。後の章で述べるように、日本は長い間、植物も生命あるものとして、その声なき声を聴き、動物と同列に近いかたちで扱おうとする仏教思想のなかにあった。逆に、植物が苦痛を感じないと言い張るのは、動物を食べさせないための口実を探しているともいえるからだ。平澤正夫も「一種のセンチメンタリズムではないだろうか」(『動物に何が起きているか』)という。

ディープ・エコロジー　八つのポイント

ただディープ・エコロジーにも硬軟さまざまな違いがあり、多様である。シンガーはディープ・エコロジストのなかでも、もっとも強く動物の権利、自然の権利を主張しているように思われる。

しかし生態学者、サンスティンは「動物福祉を追求する者と動物の権利を追求する者のあいだには大きな違いがある」(『動物の権利』)と、立場の分化を想定している。また別の生態学者、セッションズは、あえてこれらの立場が全体としてほぼ共通してめざしているものを、八つのポイントに整理している。それは比較的ソフトなもので、要約すれば次のようである(*Deep Ecology for the 21st Century*)。

①人間であれ、人間以外のものであれ、地球上のすべての生命の幸福と繁栄は、それぞれに価値(別言すれば固有の本来的価値)をもつ。
②それぞれの豊かさと生活形態の多様性は、それぞれに内在する価値を実現するのに役立つ。
③人間には、みずからの生命維持の必要を超えて、それらの価値を奪う権利はない。
④人間生活と文化の繁栄のためには、もう少し人口が少ないほうが望ましい。
⑤非人間世界にとって、人類は妨害的で、さらに悪化の方向にある。
⑥したがって政策の変更が必要である。その政策は経済的・技術的・思想的なありようを基本的に変更し、現在の状況を本質的に変えるものでなければならない。
⑦思想的転換は生活水準の向上というより〝生活の質〟を大切にすることを基本とする。それには、巨大さと偉大さの違いに自覚的であることが重要だ。
⑧先の諸点を、その具体化に向けて、直接・間接に実行に移すことが必要だ。

そしてこれらの諸項目は相互依存的であること、本来のありように立ち戻るべくディープ・エコロジー運動へとつなげることが重要だし、人類が漸次的に人口減少に向かっていくことも必要であるとしている。また、これらの思想の背景にあるのは、近代の科学技術社会の一面性を克服するための、合理から直観へ、分析から総合へ、還元主義から全体論主義へ、直線的思考から非直線的思考へといった重心の移動を意味していると、セッションズは述べている。

ここに示された八項目は、シンガーのような急進性はなく、強い菜食主義への志向もない。比較的緩やかなディープ・エコロジーの理解といえよう。というより、ディープ・エコロジーに学びつつ、それが広く社会に受け入れられる現実的な道を探っているように見える。セッションズの著作は、ほかにも都市のあり方、地域のありようなど多くの広がりをもった知見を提示する貴重なものといえる。

「あの鳥を撃て！」

いずれにしてもディープ・エコロジーの思想は、高度経済成長による環境問題の深刻化とともに生まれた思想であり、大きな影響を与えた。

鳥獣害問題が生まれたのもまた、その成長下での農村・農業の変貌を起点にしている。農林業では、化学肥料や農薬の多投、機械化、単作化、大規模化、家畜の多頭飼育化といった、いわゆる〝農業の工業化〟が進み、ディープ・エコロジーの攻撃対象としても浮かび上がってきたのであった。それを機に日本でも自然保護団体が次々と生まれ、貿易の自由化潮流と鳥獣害の挟みうちのなかで、農業者はさらに苦闘を余儀なくされることとなった。

ディープ・エコロジーの「害獣の価値」というパラドキシカルな言葉との出会いから、私は折を見ては中国山地のサル・イノシシ害問題や北海道のエゾシカ害問題などを見てまわり、しだいに鳥獣害問題と向きあうことになったのである。また先に述べたように、私が福井にいた二〇〇四年の秋、福井をはじめ日本各地で人里や街なかへのクマの出没が急に増え、人に危害を加え、作物を荒らし、鶏舎を襲うなど、広く問題になったことも、人間と動物の関係に関心を深めるきっかけとなった。

当時の農業者の置かれた状況を、鋭く描いたものに、農業改良普及員を務めた薄井清の小説『あの鳥を撃て』がある。それは次のような内容だ。

貿易自由化にともなう圧力の下で苦しみ、経営革新を迫られながら、農家はホウレンソウなどの野菜栽培で、懸命に生計を立て直そうとしている。しかし、大群で畑の野菜を襲うヒヨドリの被害に悩み、霞網を仕掛け、あるいは固形ガスの空砲を鳴らすが、あまり効きめはない。最後にはいよいよ銃を持ち出して、その退治に取りかかる。そこへ自然保護団体のグループがみずからの生活を賭け、自然を大事にせよ、鳥を撃つなと大声で迫る。農民のリーダーは彼らを前に、押しかけ、日ごろの思いをつのらせて、かまわず「撃て！　撃て！」と、荒々しいがしかし毅然たる声をあげる。ヒヨドリが、降るように落ちてくる。

小説は、この緊迫した情景のままで終わっているが、そこには、農業だけではなく、いま人間と自然のあいだに横たわる深くて大きい問題が、象徴的に描き出されている。

総じて人間と自然についての新たな現実と課題が、鳥獣害問題を通して、鮮明に浮かび上がってくるのである。一頭のクマ、一頭のイノシシとはいえ、その扱いに人間と自然の未来にかかわるほどの、大きな意味が含まれているのである。

第4章　鳥獣との闘いと苦悩
——全国初の捕獲補助金交付の町

1 モデル農業が獣害により破綻

中山間農業モデルの形成

私が、ここで取り上げる農業者、有井晴之(一九二七〜二〇〇一年)に出会ったのは、一九九八年のことである。

島根県瑞穂町(当時)は、戦後およそ一万人が住んでいた中国山地の村であった。それが昭和三〇年以降の高度成長とともに、中卒・高卒の若年層が村から流出しはじめ、〝集団就職列車〟と呼ばれた特別列車で、大量に東京、大阪などの大都市へと向かった。村の人口は急速に減少し、私が訪れたころには約半数の五〇〇〇人余りにまでなっていた。この間、世帯数は二二〇八から一八六七へ、一世帯当たり四・三人から二・九人へという状態になった(瑞穂町資料)。

有井が農業改良普及員を辞めて現場に復帰することを考えた一九六五年では、村の農林業就業者は総就業者数の七五%を占め、第二次産業が五・四%、第三次産業が一七・九%であった。しかし若者が村に残って就業したいと思うような農外就業先は、きわめて少なかった。村役場か農協、少し無理をして足を伸ばし、広島市近郊に通勤するかであった。

こうした当時の村の状況を、有井は心から憂えた。懸命の創意工夫により、都市勤労者に負けない収入を確保し、村を再び農林業で活性化させたいという思いが、有井にはこみあげてきたのである。それまでは隣の岩美町で農業改良普及員をしていたが、ついにそれを辞したという。

衰微していく中国山地のただ中にあって、どのような自立的な農林業が可能なのか、いくら言葉だけで説いてまわっても始まらないと、みずからそのモデルを示すべく取りかかったのである。当時、村でもっとも情熱をもった三〇代の若者であった。

島根県の中山間地域、瑞穂町の農業者となった有井晴之は、図4-1のような、中山間地域のモデル的農業の構想を立て、その実現に挑んだ。

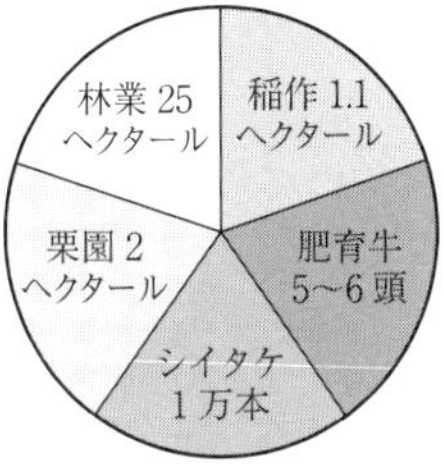

そして当時、都市勤労者を含めても相当の高所得と考えられた五〇〇万円を得られる農業をめざしたのである。いまならおよそ粗収入四〇〇〇万円、純所得二〇〇〇万〜二五〇〇万円に相当する。

図のように、稲作一・一ヘクタール、飼料自給度の高い成牛五〜六頭の和牛肥育、一万本のシイタケ栽培、栗園二ヘクター

図 4-1　有井晴之の中山間地域のモデル的農業
(筆者作成)

ル、林業二五ヘクタールの五部門を組みあわせ、それぞれの部門で約一〇〇万円ずつを得る構想だ。計画は比較的順調に進み、その様子を見た長男克幸も農業を志す。彼は結婚し、同居しており、二組の夫婦、四人で力を合わせた。

そしてついに、本格的な計画立案から一〇年後の一九七五年ごろ、ほぼその目標を達成した。多くはないが、みずからの持てる農地や山林と経験を総動員する多角的経営によって、周囲も目を見張る中山間農業のモデルができあがったのである。そのころまでの話をするときには、有井の目は輝いており、聞き手の私も、つい身を乗り出すほどだった。

立ちはだかる野生獣

ところが、一〇年がかりで計画がほぼ完成したころから、しだいにサル、イノシシ、クマなどの害が顕著になった。有井の新たな苦闘が始まる。

まずクマが二ヘクタールの栗園に出没して、栗を食べた。クマは木に登り、育てあげた木の枝を、こともなげにへし折った。園を荒らされたうえに、商品となる栗を拾うのに身の危険がともなう。だがクマは保護獣に指定されており、捕獲も殺すこともできない。もって行き場のない憤りを胸に収め、栗園の経営は諦めざるをえなかった。当時、町へ講演に来たある講師が、

「この町はクマが出るそうだが、高知の鯨観光 whale watching にならって、クマ観光 bear watching をやってはどうか」などというのを聞いて、驚き、かつあきれたという。

またイノシシやサルが出て収穫前の水田や畑を荒らし、栽培中のシイタケを食い散らした。とくにサルは三〇匹前後の集団で現われ、稲穂がまだみずみずしい状態のときにしゃぶりつく。なんと、水田の泥で手足が汚れぬよう、稲株を足場にして押し倒しながら進むのである。

さらにシイタケをほだ木からむしりとって食べ、満足すると、今度はやたらに引き裂いて遊ぶ。キノコの性質から、根元から笠の部分にかけて、真二つに鮮やかに裂けるのが面白いのである。

サルは驚くほど賢く、「特効薬はない」といわれる。やがてサルは、住民とりわけ高齢の女性を背後から襲い、買い物袋などの持ち物を引ったくるといった状況になった。中国山地のなかで、長いあいだ、互いに棲み分け、平和共存してきた野生動物たちが、農業と生活を脅かす害獣として出現してきたのである。

被害は瑞穂町にある三〜四集落に及んだ。サルはもともと三〇匹程度がこの地域に生息していたが、山中を移動し、農業空間を荒らすことはなかった。しかし一九七五〜九五年のあいだに、最大一四〇匹、二〜三グループにも達して、わがもの顔に振る舞うようになった。

まず栗園をあきらめ、やがて一万本のシイタケ管理もままならず、さらに水田が荒らされることとなった。案山子(かかし)を立てる、網を張り、罠を仕掛ける、いずれも獣たちはそれをあざ笑うようにクリアし、次々と村に現われた。

貿易自由化の波

獣害に加えて、貿易自由化の波がしだいにこの村へも強く押し寄せてきた。広大かつ平坦で、いまだ肥沃さを保つ土壌に恵まれたアメリカ、カナダ、オーストラリアなどの国々は、世界的な食料不足が起こるたびに、「農地化可能な場所はすべて農地化せよ」という国の指令によって広大な土地を農地へと切り替えた。そして、やがて余ってきた食料の輸入を、日本に迫ってきたのである。米も麦も、果物や畜産物もである。

林業についても貿易自由化が進み、アメリカ、カナダ、ロシア、東南アジアなどから、安価な外材やベニヤなどの加工材が入り、日本の林業は立ちゆかなくなった。

都市には、流出してくる農村人口のために、新たな住宅が立ち並んだ。しかし、今どきの家は和洋折衷となり、本物の木材が見える部分は少ない。外壁はモルタル、やがて化学製品パネルへと変わり、内部には化粧板や紙を貼り、天井板は本物とも見まごう、きれいな木目が印刷されている。下地となる木材は、少々節があっても何の支障もない。

日本の杉や檜の生産は、苗を植え、下草を刈り、やがて枝を打ち、間伐をし、まるで手でなでるようにして育てるので、高価な木材となる。傾斜地から伐り出してくる費用も大きい。一方、輸入される外材は、比較的広大かつ平坦な場所に自力で育った天然木で、ただ伐り出してくるだけの手間のかからないものだ。こうした状況に、瑞穂町の林業も巻き込まれていった。

2　サル、イノシシとの対決

決断と苦悩

有井のモデル経営は行き詰まり、危機を迎えつつあった。農業だけでは生活ができず、ついに長男克幸はあきらめ、農業のほかに収入を求めた。有井は迷った。もはや銃使用の免許をとり、許可をもらって、イノシシやサルを撃つしかないのではないか。しかし当時は全国いたるところで自然保護団体が生まれ、自然動物を殺害するなどもってのほかという雰囲気も漂っていた。とりわけサルは、日本では単なる動物と見ず、形も行動も人間に近いと思われており、銃を向けにくい。

「『獣害問題』におけるむら人の「言い分」」という赤星心の興味深い研究がある。赤星は、イノシシの害に悩む村で、人々の動物に対する本音を聞いている。イノシシも食べていかねばならないから、とか、「ウリ〔イノシシの子〕はかわいい。……世間話をしていたらイノシシがおって、こいこいといったらお尻を振りながらちょろちょろっと寄って来た」などと言いつつも、やはり生活のため被害には耐えがたい。「百姓としては一匹でも殺してもらいたい」。しかし「保護区に入りこんだらどうしようもない」。農業共済には届けてもしょうがなくて「反収の三割の被害じゃないと」金は出ない。「保護団体は保護しろというが、田に近づかないようにしてくれたらいいが、何もしない」。そして鉄砲を持たせてくれたら撃つのに、とも言っている。

ここには、自然―みずからの生活―動物保護思想の、あいだで揺れる、現場の心も描き出されている。丸山康司は『サルと人間の環境問題』のなかで、サルは「おサルさん」とも「土地のもん」ともいわれ、害獣としてだけではなく、さまざまな存在であることを指摘しつつ、それが害獣と化したときの住民の迷いやためらい、〝揺らぎ〟ともいえる複雑な受け止めについて述べている。

中国地方中山間地の有井晴之の場合、こうした状況がより鮮明に表われていたといえよう。有井は、獣害による経営破綻の無念を押さえきれず、ついに猟師となり、いかなる批判があろうともイノシシとサルを撃とうと心に決めた。動物保護の観点から、周辺では、これを問題視する声もあった。しかし、この困難な農業をおこなっている地域において、自分と後継者の生活を支えることができ、また元農業改良普及員として、地域のモデルとなるよう思い描いた経営を、ようやく実現した。しかしそれが無残に打ち砕かれただけでなく、地域の展望を奪われたように思ったという。

観察していると、サルたちは決まったコースを、後戻りすることなく定期的に回遊していることがわかった。それを待ち伏せして撃った。サルが木の上で、胸のあたりに手をやり、こちらを見ている姿は、あたかも「南無阿弥陀仏、どうぞお助けを……」と唱えているように見えたが、迷いを払いのけ、有井は撃ったという。

町の害獣捕獲補助金

しかしサルは一匹や二匹を撃っても、被害の防止にあまり効きめがない。いつも通りやってくる。一発の銃声に驚いて逃げ散るが、仲間が一匹いなくなったことを知ってか知らずか、あるいは仲間が銃声に驚いて心臓麻痺でも起こして死んだとでも考えているのであろうか。そこで散弾銃を使い、一匹を撃つのでなく、多くのサルに痛手を負わせる方法に切り替えた。傷ついた何匹かのサルは、仲間といっしょに逃げるが、けたたましい叫び声を上げて、「痛い、痛い」と仲間に訴える。サルたちは先ほど人間の放った銃の音声とともに、経験したこともないような痛いめにあうことを知った。こうして、心は痛むが、少しは効果が現われはじめた。しかしサルたちも生きるために必死だ。二四時間見張るわけにもいかず、被害は簡単に止まらない。

やがて町役場も事の重大さを認識し、町議会でも日本の各地で盛り上がる自然保護運動の動きを意識しつつ議論を重ねたうえ、サルとイノシシの捕殺や罠による捕獲について、一匹につき三万円の補助金を出すことになった。瑞穂町は日本で初めて、獣害捕殺に対して補助金を出した町となった(瑞穂町資料)。農学者の秋津元輝は銃による野生獣捕殺にあたって、被害からの防衛という地域社会の期待を背負った場合に、殺すことに対する負いめに救いがあると書いている。

その後、国の鳥獣保護管理の考え方もしだいに変わり、保護と獣害対策とのバランスを取る方向に動いていく。一九九六年、瑞穂町の猟友会は、〝鳥獣慈命碑〟を建てた。自然保護と銃殺、鳥獣の愛しさと憎らしさのあいだで、心揺れながら銃を撃った有井の思いを象徴するものであった。

有井は二〇〇一年に七三歳で他界したが、後は克幸が農業経営を継いでいる。クマは今も保護獣で撃てないが、栗園も何とか続けている。現在の補助金は、一頭につきイノシシ六〇〇〇円、サル三万円である。捕殺に加えて、谷ごとにイノシシにはトタン板で、サルには電気柵などで防いでいるという。また、瑞穂町は近辺の町村と合併して、邑南(おおなん)町となったが、鳥獣害の状況は瑞穂町時代とほぼ同様である。

獣害対策と地域活性化へ

中国山地の一角で始まった獣害対策は、同じ状態になりつつあった周辺地域や関係する県の注目を集め、多様な広がりを見せる。島根県をはじめ中国山地一帯では、有井が苦闘した時期と同じころ、鳥獣害、とくにイノシシによる被害の発生が加速していったからである。

作野広和によれば、鳥獣害は山林に近い小規模農地からはじまる確率が高く、そこから耕作放棄地が多くなり、営農意欲も低下し、さらにそれが獣たちの活動を活発化・広範化していくという悪循環の拡大によるところが大きい。共同性の高い集落ほど、効率的で安価な対策が取れるとされるが（「島根県中山間地域におけるイノシシ被害と農家経営」）、その力もしだいに萎えがちである。

島根県では、一九九八年に中山間地域研究センターを設置し、中国山地の鳥獣害はもちろん、地域社会の活性化のための調査研究・支援を進め、現在は約六〇名の職員が属するという大規模な組織となっている。

なお島根県ではクマ、サル、島根半島部のシカによる害もあるが、イノシシ害がもっとも多く、一九九〇年代には二〇億円近い被害額となった。その後しだいに柵の設置などの対策が進み、最近では被害額は一億円を切っている。そして課題は、被害の増加を防ぐためのイノシシの捕獲による頭数管理、その肉の利用、貿易自由化や鳥獣害問題で萎えてきた地域の総合的な活性化に移ってきているという。

全体として鳥獣たちの動きは、しだいに抑え込まれ、被害は減少しつつある。しかし獣の捕殺によって被害を抑えれば済むというわけではない。この瑞穂町の有井の農業をめぐる一連の苦闘の過程は、現代の農業・農村問題、人間と生き物の関係、人間と自然のあり方をめぐって、きわめて多くの、かつ重い意味と内容を提示していたのである。

第5章　人と動物の共存への模索

——各地域での実践

目立った害などほとんどなく、長いあいだ視界から去っていた鳥獣たちが、一九七〇年代以降、全国各地で急増し、それらによる被害も増えていった。村々では、戸惑い、苦心しながら、それぞれに対策に取り組んでいったのである。

寒さの厳しい北海道では、古くからシカに皮や肉を依存してきた。したがって人間と動物の関係づくりの先進地といってもよい。

しかし、そこでも新たな苦闘が始まったことは疑いがない。

本章では、岐阜県郡上市和良町宮地地区、滋賀県湖北地域、北海道網走地域などの事例を中心に、人と動物の共存、共生への取り組みの実態と過程を見ていきたい。

1　鳥獣害対策から村づくりへ——岐阜県宮地地区

高齢化のすすむ村に活気を

鳥獣害は、人々の生産・生活上の困難を生み出している。しかしその苦しみを力に変え、対策の苦労を吹き飛ばしてしまうような元気な地域も多い。

その一つが、岐阜県郡上市和良町の宮地地区を中心にした、十余年にわたる取り組みだ。岐阜県の資料、および担当者である酒井義広の話を中心にして紹介する。

宮地地区は、二〇一六年現在で五二戸の集落である。そのうち、農地を所有するのは四六戸で、平均四四アールの水田をもっている。そのため若い人は農業外に就業し、大半は兼業農家だが、二世代、三世代家族が多い。農業を担うのは主として高齢者である。

この地ではイノシシ、シカ、サルが頻繁に現われ、田畑を荒らす。そのため耕作放棄地が増加し、鳥獣害＝耕作放棄ととらえられている。しかし、この集落が人々の暮らす場所としてある限り、活気を取り戻し、自然あふれる心豊かな里として、みずから創造・再生していかなければならないと考えた。

人々は結束して工夫を重ね、鳥獣たちと闘い、新たな里づくりに邁進(まいしん)している。農業経営の規模の拡大へ期待が高まるなか、それがむずかしい中山間集落で、力強く生きる人々の姿が浮かび上がる。

なお鳥獣害はもちろん何とかしなければならないが、農村にとってもう一つの大きな課題は雑草である。とくにあぜ道や道路わきに生える雑草の除去は、なかなかの大仕事である。その対策も村にとって、大きな課題である。

鳥獣害と雑草撤去

宮地地区の特色は、工夫に工夫を重ねたすえの独自の鳥獣害への対策と雑草対策にあるともいえる。その内容は次のようなものである。

当初は、シカやイノシシが侵入する山際に、電気柵やワイヤメッシュ（金網）をめぐらし、「猿落君（えんらくくん）」を張ってサル害に備えた。「猿落君」というのは、奈良県で考案されたもので、網を越えて侵入しようとするサルを、たわむ網のなかへ落とし込んで捕獲してしまうものだ。

しかし二〜三年は効きめがあったものの、サルは網をめくりあげ、シカやイノシシたちは柵を跳び越えたり、川づたいに侵入するなどして、害は止まらなかった。

しかも、電気柵は草が成長すると放電するので、たえず草刈りが欠かせない。また、冬場は柵を撤去するので、刈り取った稲株に再び芽を出して稔る二番穂（ひこばえ）は、シカやイノシシの餌となり、その味を覚えさせてしまった。

そこで「猪鹿無猿柵（いのしかむえんさく）」と自称する低コスト、周年設置、省力管理の柵を考案した。それは図5-1のようになる。

①一メートルの高さまで、ワイヤーメッシュを張る。

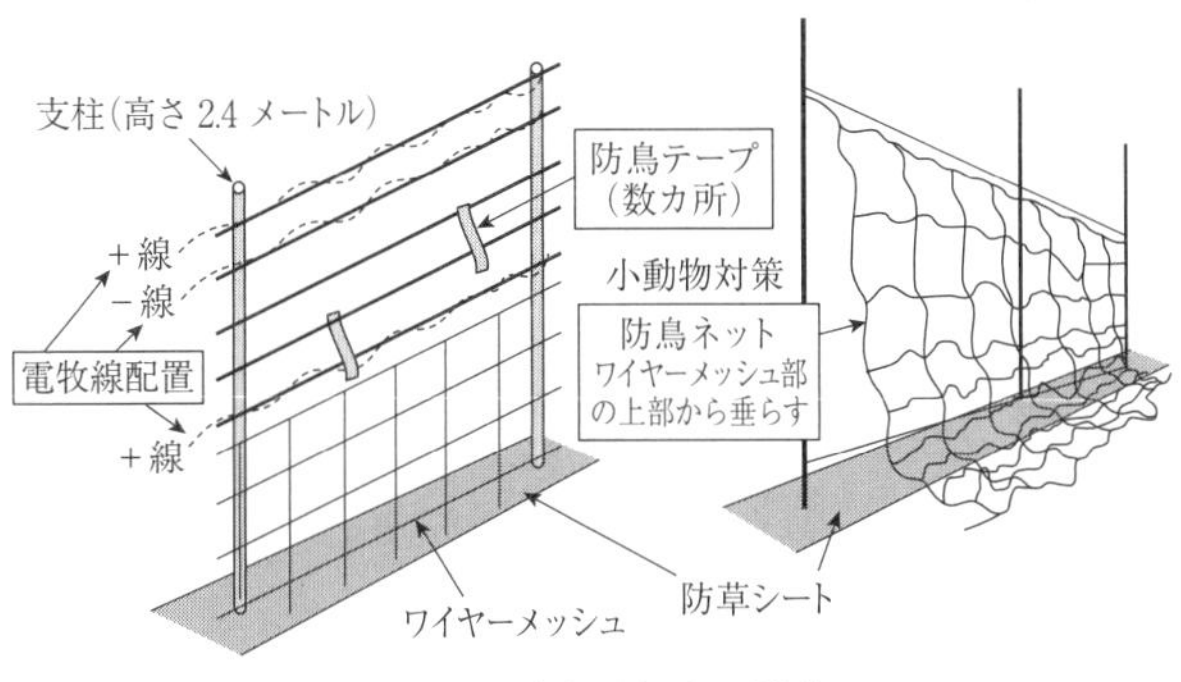

図5-1 「猪鹿無猿柵」の構造
出典：岐阜県資料.

②その上に、二〇センチメートル間隔で金属線を五段に張り、うち三本には電気を通す。電気の通らない金属線に防鳥テープをたらす。
③柵の下には、草刈りの手間が省けるように、防草シートを敷く。
④外側に防鳥ネットを垂らし、アライグマなどの小動物の侵入も防ぐ。
また、あぜ道や道路わきにも防草シートを張り、草刈りの重労働から解放された。防草シートは、企業に依頼してグリーンにし、場所によっては芝桜、彼岸花、コゴミやフキノトウを植えるなど、景観や山菜採りなどにも配慮した。

さらにサルが現われたとき、大声を出したりして追い払う役目を担うグループ「猿追い払い隊」の着用する特製ベストを、他の人たちも作業着とするなどして、ふだんから動物たちを近づけないことに努めた。以後、獣害の発生はなくなった。ついに獣害、草害を克服したのである。

こうした対策を実施する過程で、集落とは「集まって落ち着くところ」とされ、相互扶助の協力体制がいっそう強くなったこともあり、「明るく元気で楽しい里づくり」へと力が入っていった。

それは和良町全体へと展開している。

和良町では、二〇年ほど続けてきた都市・農村交流「ふれあい農園」がいっそう盛んとなった。また、そのほかに、田んぼオーナー制度が創られた。

さらに和良漬物まつりが始まり、宮地地区内にある「道の駅」への出荷も増えた。

地域の主婦たちが立ち上げた農産加工株式会社「珍千露(ちんちろ)」は、人気の長寿だんご、もろみ味噌など、約八〇点の加工商品をつくっている。

ここは、鳥獣害対策のエネルギーを、町おこしへと展開させた注目すべき地域である。

2 サルの行動様式の調査と対応——滋賀県湖北地域

サルとイノシシの谷

十数年前、滋賀県湖北部の西浅井町を訪れたことがある。町には二つの大きな谷があり、一方はサルがよく出るが、他方はイノシシがよく現われると聞いた。いわば、サルの谷とイノシシの谷があるというのである。

サルは賢くてたいていの防除策はすぐにクリアしてしまうので、サルの出没が多い地域ではお手上げとなり、多くの農家が商品作物はおろか、自家用の野菜作りさえやめてしまった。

そこで町では、二つの谷にそれぞれサル用の柵、イノシシ用の柵を約二〇キロメートルにわたって設置した。

しかしサルの谷、イノシシの谷に、なぜわかれるのだろうか。

とくにサルは群れごとに特定のコースを移動するといわれたが、その生態や移動様式などはよくわかっていなかった。県では、増え続けるサルの行動様式をまず解明し、対策に役立てようと考えた。

地域で取り組む

二〇〇二年から、サルの行動様式の調査が始まった。県内には多くの群れが確認され、サルに発信機を装着して、その行動を探った。その結果をもとに、出現頻度の分布図を作成して各地域に伝え、電気柵設置などの対策を呼びかけた。それほどサルの出没のなかったところも、数が増加したせいか、徐々に人家へ侵入したり、器物を破損したりなどの被害が広がっていく。

また動物がどの作物が好きか嫌いかを見定め、「サルの好き嫌いの作物一覧表」が作られた。トウガラシ、コンニャクイモ、クワイ、ゴボウ、サトイモ、ピーマン、春菊、ウコン、葉大根、ショウガなどを栽培すれば、被害を受けにくいとされ、住民にも周知された。

むろん農家側でも、サルの餌となる柿などの果物や野菜類を収穫後、少しでも畑に放置すれば、彼らを誘引するので、その除去に責任が生じてくる。声を出して追い払い、サルの人慣れを避ける必要もある。

そのような努力をしたうえで、十分に防除できず被害が拡大する場合、個体群の保全や生息環境の多様性を重視しつつも、群れの頭数削減という「部分捕獲」の対策をとる。さらに耐えられない被害にいたった場合には、群れそのものをなくすという「全体捕獲」の手段をとる基本計画を立てることとなった。

あとは、各集落の被害状況や、対策への意欲に応じて、地域ごとに電気柵の設置、さらには「防除—部分捕獲—全体捕獲」などの対策を実施するのである。捕獲したサルは、銃または深麻酔による処置で安楽死させることとなっている。

各地での鳥獣害対策

人々は、こうして痛みに耐えつつ、生産環境や生活環境を維持し、自然界とのバランスを保とうとしているのである。

鳥獣害のない農村は、いまや全国どこにもないといってよいほどである。そのため疲弊する地域もあるが、優れたリーダーがおり、集落や自治体が協力して対策を講じ、地域再生へのきっかけとしているところも、また少なくない。

三重県伊賀市安房地区や埼玉県秩父市田村地区などでは、住民が協力してサルの追い払いに徹し、群れを山頂付近まで追い上げ、近づけば危ないとの思いを、群れに沁み込ませた。

香川県さぬき市豊田地区や徳島県神山町今井地区などでは、地域ぐるみで、山林と田畑のあいだに一〇メートル近い緩衝帯を作り、道路などとして利用し、柵も設けてシカやイノシシを遠ざけた。

緩衝帯に牛やヒツジなどを放牧し、犬を置いている地域も少なくない。隠れる場所をなくし、人や車が往来し、大型家畜や番犬がいることで、獣は近づかなくなるのである。

金網の柵を乗り越え，稲穂を狙うサルの群れ（三重県中央農業改良普及センター提供）．

沖縄本島の北部では、ハシブトガラスがパイナップルやタンカンをつつく食害が広がり、七市町村で六八名の「対策実施隊」が出動して、いっせい捕獲をおこなっている。

その他、各種のネット防護柵、電気柵などのほか、器具機械も販売されている。定期的に爆発音を出して脅す方式、センサーを用いた音や光の利用、忌避剤や殺鼠剤の散布、森の木の場合には幹の金網巻き、テープ巻き、トタン巻きなどがある。また追い払いではなく、箱罠や足罠による捕獲、広い囲いのなかに閉じ込める追い込み猟による大量捕獲なども試みられている（『鳥獣害ゼロへ』ほか）。

こうして、全国各地域で、それぞれ工夫を重ね、日々鳥獣害と闘っている。

3　エゾシカの急増と、共存への模索——北海道網走地域

こうした各地域の取り組みのなかで、古くからシカと闘い、かつ共存し続けてきた北海道は、新たな鳥獣害対策や鳥獣肉利用の先進地といえるように思う。そこでは海外の事例にも学び、大学などとも協力し、基本的な考え方をまとめ、棲み分け共存、あるいは共生への道を探り続けてきたのである。

シカたちと北海道開発の歴史

だいぶ前になるが、私はエゾシカ害の実態を現場で見る機会があった。北海道は、もともとアイヌの人々が暮らし、クマやシカを追い、その肉を食べて飢えをしのぎ、毛皮をまとって寒さに耐えた狩猟採集社会の歴史がある。そこでは、エゾオオカミが生息し、シカやクマを食料としていた。

気候の変化などでシカが減るとオオカミも減り、シカが増殖するとオオカミも増えるといった状態であった。オオカミは北海道の森の食物連鎖の頂点に位置し、アイヌの人々も〝森の

神〟として敬ってきた。いわばアイヌの人々は、オオカミ、シカやクマなどとのあいだで微妙なバランスを保ちながら、古くから生活を続けてきたのである。

やがて一八五五年の幕府による蝦夷地直轄化、そしてさらに明治の時代を迎えると、和人が多数入植して農業開拓をした。同時に、銃を手にした和人たちは、肉や毛皮を輸出して現金収入を得ようと、シカを大量に捕獲するようになった。乱獲の始まりである。

一八七三年からの六年間に五七万頭余りが捕獲された。その後、大雪なども重なって、シカは絶滅寸前となり、地域のシカ肉の缶詰工場なども閉鎖されるはめになったという。政府は禁猟措置を取ったが、密猟などの乱獲は収まらず、稀少動物となり、禁猟措置が強化されてきた。その後、しだいに頭数は増えたものの、終戦後、再び密猟が横行するといった具合であったという(『エゾシカは森の幸』)。

また外国人教師としてアメリカから招かれたエドウィン・ダンは、北海道に畜産業を起こすには、家畜を襲うオオカミを退治しなければならないと教えた。オオカミにとっても、シカの増減は死活問題だ。人間のシカ乱獲は彼らの食料不足を招き、やがてオオカミは人里に現われ、馬などの家畜を襲った。人は怒りと恐怖で、アメリカ式の毒餌法を導入し、ついに明治二〇年代にオオカミを絶滅させてしまったという。

エゾシカの群れ(野鳥写真家の大橋弘一氏撮影・提供).

オオカミがいなくなればシカにとって天敵がなくなり、人間が獲らなければ激増し、獲りすぎれば激減するという人間の対応しだいとなった。まさに文明開化、近代化、産業化のなかで、従来の持続的な自然状態は崩れ去ったのである。

その後、シカの生息は、まさに人間が繰り広げる時代の変化のなかで、激減と激増の歴史を繰り返すこととなったという。

それは、家畜への被害やシカの減少からオオカミを排除し、絶滅させてしまった西洋の歴史と同じである。自然界のバランスは、生き物どうしの、じつに微妙な関係のうえにあるといえよう(『人間と動物の関係』)。

こうした歴史を背負いつつ、北海道の農業は進展した。一九七〇年代に入って、エゾシカはまたも急増しはじめた。それまでエゾシカはおよそ二万~四万頭程度とされ、捕獲頭数は毛皮などを取るためや農業被害防止などを合わせて二〇〇〇〜四〇〇〇頭で推移し、農業への被害は目立たなかった。

しかし、①高度経済成長で若者が都市に流出して人口が減少した、②肉需要の多い雌ジカの密猟が続いたため一九五〇年代に摘発された、③ハンターも高齢化して減っていった、④畜産の拡大で、草地の大規模造成が始まり、シカの餌場となった、⑤温暖化が進んでとくに阿寒湖周辺など新しい越冬可能地が増えた、などにより、シカは急増したという(『農業・北海道』一九九七年春季号)。北海道の場合、本州と同じことが、より大規模に起こったといえよう。

シカによる被害の拡大

津別町は北海道網走支庁区の中央部に位置し、農業を中心にした町である。私が初めて調査に訪れたのは、二〇〇〇年のことだ。

津別町は、一九九八年当時人口七二〇〇、世帯数二七五一戸、農家数約三〇〇戸であった。なお二〇一六年現在では、人口約五三〇〇、農家数一四九戸といずれの数字も大幅に減少し、高齢化と過疎化が進行している。

町の農業は、本州の農業に比べると、およそ一〇倍以上の平均経営耕地面積をもち、日本のなかでは大型農家が多い地域である。ヨーロッパ並みといわれるのは、そのためである。

全国的にシカの害に悩む地域が多いなかで、阿寒湖周辺地域でも、急速にエゾシカが増加し、その害が農作物に及びつつあった。

一九九八年に町全体で乳用牛二二〇〇頭、肥育牛三六四〇頭などの畜産と、麦、ビート(砂糖大根)、野菜類を生産していた。しかし一九七五年ごろからエゾシカが頻繁に畑地を荒らし、農作物の食害が目立つようになった。植えた苗が一晩で消え、植え直しになったこともしばしばだった。

農作物だけではない。森林に生息して、木の苗を傷め、成木の皮をはぐ。ススキやエゾニュウ(セリ科の山菜)を食べつくし、植生が変わる。やがてシカは都市部の住宅街にまで現われて、人を驚かし、交通事故も多くなった。

一九八七年には、シカは北海道全体では約二〇万頭、阿寒湖周辺の森林に約一〇万頭が生息しているとされた。その後、さらに増加し、それが農地にも侵入し、一九九八年当時の被害は、津別町だけで一〇〇〇ヘクタール弱、金額としては二億〜三億円にのぼった。

農家は昼も夜も、シカから目が離せなくなったのである。

網か、電気柵か、金網柵か

それまで、農家は案山子を立て、肥料袋を短冊形にしてつるし、爆竹音で追い払い、漁網柵や電気柵を設置するなど、シカの侵入を防ぐため、ありとあらゆる方法を試した。石鹸のにおいを嫌がるとあって、畑の周りにつるしたこともある。しかしシカは学習効果によって、次々と人間の考えたことをクリアしていく。

電気柵は効果があったが、積雪が多いので、柵の高さを絶えず調整する面倒な作業が必要であり、また雑草が成長すると放電するなどの問題があった。そこで、いよいよせっぱつまって、本格的なシカ柵設置の方向をとった。それは「苦渋の選択」と称されている。

本来なら周辺地域と協力して、被害を食い止めるよう頭数を減らすのが最良と思われた。津別町のみが大規模な農地の柵囲いをした場合、シカは町内の農地には入らなくなるが、周辺町村の被害はかえって多くなると思われるからだ。

それほど津別町の事態は切迫しており、林務耕地課長は「適正頭数化体制ができるまでの応急対策」と説明して、周辺町村に了解を求め、シカ柵の設置に踏み切った（前掲『農業・北海道』）。

こうした地域間の課題は、全国的にしばしば起こっている。『福井新聞』が伝えるところでは、石川県と福井県のあいだでは行きちがいがあったという。石川県は福井県との県境の尾根沿い約五〇キロメートルのうち二四キロメートルにわたって金網のシカ柵設置を計画した。石川県には約二八〇〇頭、福井県には約三万五〇〇〇頭のシカが生息していると試算され、石川県は福井県側のシカが入ってくるのを阻止しようとしたのである。福井県は、柵の設置は相談を受けておらず、移動性の高いシカの侵入を阻止することで、福井県内の農林被害が増加すると考え、問題となったのである（『福井新聞』二〇一五年七月一日）。この問題は、その後に協議のうえ、協力してシカの個体数を削減することとなった（二〇一六年五月二九日の『福井新聞』オンライン）。

今後このような問題が各地で予想され、事前の相談や共同の広域対策が必要となってくるであろう。

現代の長城（シカ柵）を築く

さて、とくに被害が大きく対策の急がれた津別町で、防腐処理をした間伐材の丸太を使い、高さ二・一メートルの金網フェンス、総延長三一七キロメートル、総工費三一億七〇〇〇万円におよぶシカ柵の設置が、一九九七年に計画された。それによって、町内の五五二五ヘクタールの農地がほぼ囲まれることとなった。コストを問題にしている場合ではなかったという。

シカ柵を設置する費用、三一億円余りは、とうてい農家が単独で負担するのには無理があり、国と北海道庁で九〇%、町が八%、農家の負担は二%とされた。農家の負担の目安は、二〇ヘクタール規模で二三万円であった。

こうして、一九九七年から四年かけて約三〇〇キロメートル、高さ二・一メートルのシカ柵が設置され、次いで二〇一〇年より五年もかけて第二期の設置をおこない、最終的に完成した。

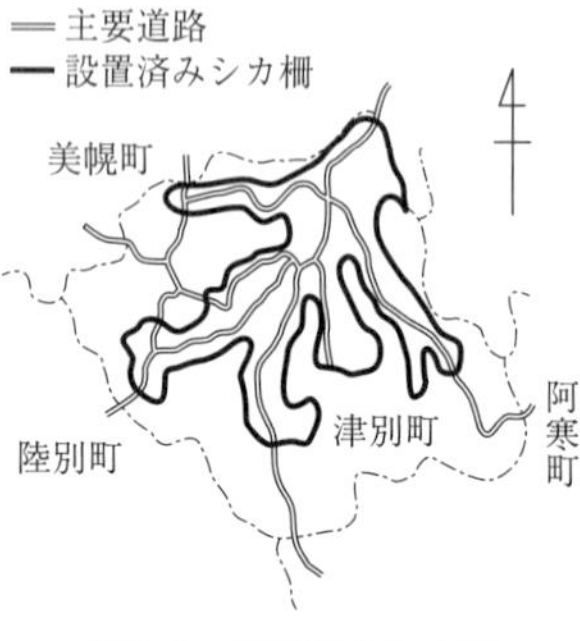

図 5-2　津別町のシカ柵
出典：津別町資料.

図5-2のように、およそ三〇キロメートル四方の町域のうち、農地と住空間がすっぽりと四一〇キロメートルにおよぶ柵で囲まれた。延々と蛇行して張りめぐらされた柵は、あたかも現代の万里の長城ともいうべく、外敵の侵入を防ぎ、みずからの生活・生産空間を守るための、長大な防護策である。いわば人が檻のなかに入り、シカは広大な森に闊歩（かっぽ）するようなものである。

シカ柵という強制排除手段によって、ともかくも当面のあいだ、人間とシカとの共存関係が保たれることになった。人為的な管理によって、人とシカとの一種の不思議な共存の世界が出現したともいえよう。

ただ現代のような車社会において、柵外に出入りするとき、いちいち車を降りて道路の門を開け閉めするわけにはいかない。そこでわかってきたことは、図5-3のように道路に沿って両脇に一五〇メートルの引き込みの柵を入れると、さすがのシカも怖がってなかに入ることはなかったという。人が通るだけのその他の通路は、一定の間隔で小さな出入り口を設ければよい。

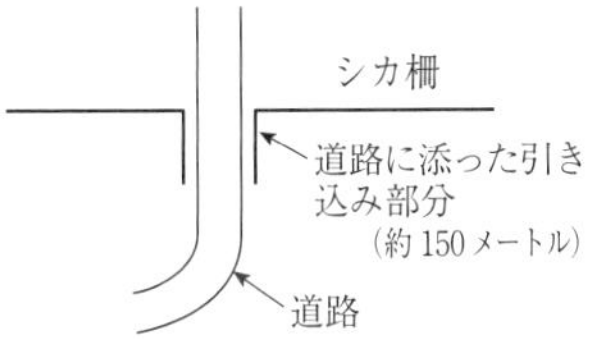

図5-3　道路部分の引き込みの柵
出典：津別町資料.

だが、その後もシカは増え続け、しだいに大胆になり、農地への侵入が再び始まった。町内には五つの河川があるが、柵のない川づたいに、あるいはほころびたところを見つけては侵入してきたのである。先の第二期工事は、それを防ぐためのものであった。しかし、それでもシカの被害は止まらず、柵での排除だけでなく、年間約八〇〇頭の捕獲もおこなうようになった。

当事者は、どこまで続くぬかるみか、との思いであろう。

津別町から始まったこうした方式のシカ柵設置計画は、ついで東藻琴（ひがしもこと）

町、小清水町、斜里町など網走管内七市町が連携して、山地側にシカ柵を張りめぐらす計画を一九九八年にスタートさせた。総延長一〇〇〇キロメートルに及ぶ大規模なものだ。

しかし、北海道のすべての町村がこの方式を取ることになったわけではない。柵のなかは被害が減少したとしても、森のなかでもシカは木の皮を食べ、枯らすという森林被害が残る。管内全体として、農地・林地のシカ害の増大を防ぐため、結局は、毎年一定頭数を捕獲することが必要と考えられた。

人間活動とシカの共存条件

図5-4は、一九九八年当時、網走支庁が道東地域で模索・設定した、人間とシカの共存可能な均衡点を示したものである。第三期に入る二〇〇八年には、さまざまな状況に基づき、各指標の水準がやや引き上げられている。しかしそれは確定的なものではない。

そこでは、①シカの絶滅や個体群に悪影響を及ぼすおそれのないよう最小限である「許容下限水準」(一万頭)を守ること、②農林業被害に何とか耐えられる範囲にとどめうる頭数、いわば「目標水準」を五万頭とすること、③多すぎるシカの状況を「大発生水準」(一〇万頭)と呼び、状況に応じて緊急にあるいは徐々に捕獲・処理して目標水準に近づけること、というシカ

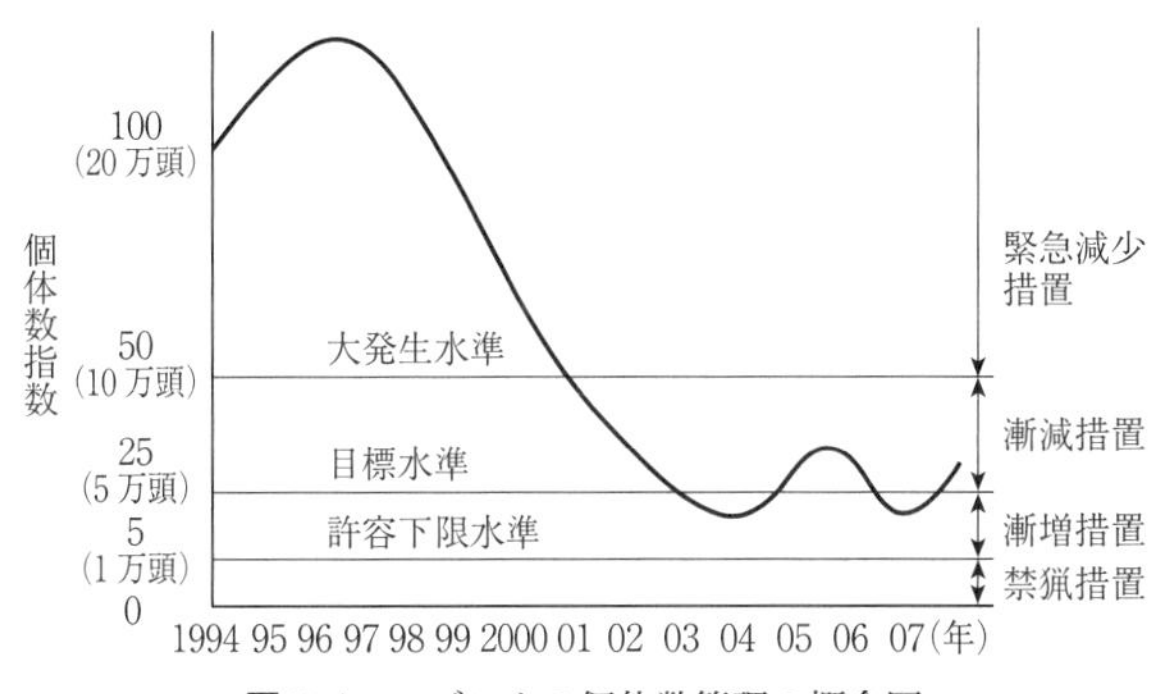

図5-4　エゾシカの個体数管理の概念図
出典：北海道環境生活部『エゾシカ保護管理計画』(第3期)2008年.

の頭数の管理計画が示されている。

それによって、エゾシカと人間が共存するには、大発生水準と目標水準のあいだを上下動するかたちで頭数が管理される。シカは山中にとどまり、畑を荒らさず、森林被害も最小限に抑えられる。これがこの図の意味するところといえよう。現在もこの考え方に依っている。

そして図5-4は、道庁の主宰する委員会(委員長・大泰司紀之)における議論を経てでき上がってきた考え方を、環境生活部で図形化したものであるという。

大泰司紀之によれば、目標水準や許容下限水準は、シカの繁殖状況、行動様式の変化、積雪・降雨などの気象条件、餌の実り具合、シカの処理肉の販売状況などによって絶えず変動するものであり、毎年調査して状況判断をおこない、確定することが重要だという。

図5-5は獣害問題を研究する高柳敦が、一九九八年に

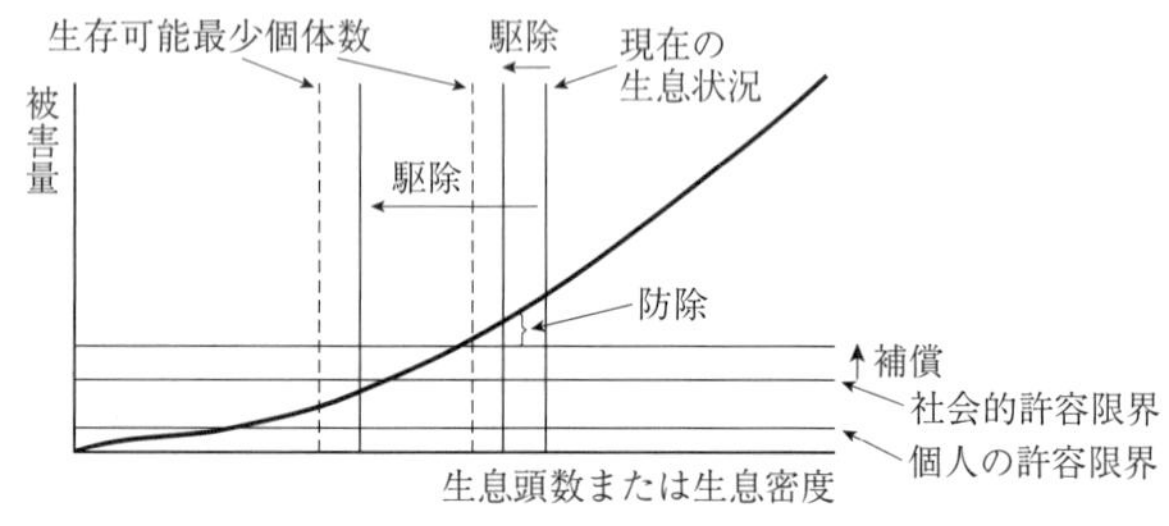

図5-5　個体数管理と被害対策
注：高柳敦の作成図.
出典：自然環境研究センター「ニホンジカ保護管理ワークショップ1998」.

示したものである。

シカの被害に関し、被害農家の生活と経済を守り、かつシカの持続的な生存を可能にする個体数の管理計画によって捕獲・駆除するという、図5-4の考え方と同じである。しかしいくつかの点で、新たな概念が付け加えられている。それは、①シカの頭数上限の社会的許容限界に加えて、個人の許容限界があること、②社会的許容限界が守れなかった場合に発生する被害に対する、社会的な補償の必要性、③個体数管理がうまくいかなかった場合、やむなく他の方法で被害を防除(捕獲を除く)すること、という指摘である。

被害といっても各個人に均等に現われるわけではなく、特定の個人には強く降りかかる。その際、その個人は捕獲でなく、自分の田畑に網などを使って防除するしかない。

地域全体の許容限界あるいは補償の範囲を超えた場合は、地域として対応する必要がある。シカは季節によって広い範囲で移動することが知られている。したがって広域の地域管理計画と個人による防除対応を組み合わせることが、重要となるのである（「ニホンジカ保護管理ワークショップ一九九八」）。

こうして人間と動物のあいだに折りあいをつけ、そこはまさに共存の場所となるのである。ここには、怖れながらもやむを得ない、自然を管理するという共存の思想が形成されていった。

足寄町の捕獲・利用型共存方式

津別町に隣接する足寄（あしょろ）町は、町域の八〇％を山林が占め、林業と木質バイオマス生産で町おこしを図っている。そしてシカを柵によって排除するよりも、捕獲して処理・加工を重視する道を選んだ地域である。

シカを地域の経済的資源としてとらえ、一九九二年からエゾシカ有効活用検討モデル事業を実施した。町営でシカや馬の解体処理・加工施設を造り、地元だけでなく札幌や東京などへもシカ肉と馬肉の販売を手掛けてきた。また、商店街の空き店舗にカフェを開設し、ペレット・オーブンを使ったシカ肉料理の販売などをおこなってきた。それは地元労働力の雇用の場ともなってきた。さらに、その利益を、ハンターの雇用や農家への被害対策費に充てたのである。

しかし、全国的にも先進的であったこの事業は、①都市に遠く、肉の販売がむずかしい、②

担当可能な者が高齢化し、後継者を得ることがむずかしい、③兵庫県で発生した、シカ肉の生食によるE型肝炎の発生といったことへの不安などによって、二〇〇六年、廃止に追い込まれた。現在、足寄町では、農業維持のために年間一五〇〇頭のシカが捕獲されているが、ほとんどは処理を専門とする会社に回されている。またシカ柵の設置は、農協が中心となって、各農家単位でおこなわれている。この足寄町の経緯をみると、シカがいかに増大しているか、過疎化の波をどうするかといった困難のなかでの、苦吟の跡が感じられる。

足寄町の経緯は、まことに残念だが、こうした事例と経緯を今後生かしていく必要がある。その後一〇年を経て、第8章で述べるように、政策的にも食肉の安全性の確保、施設への補助金支援などがなされ、各地域で多様な取り組みが展開されている。

北海道に限らず、生きたまま捕獲して育成し、観光牧場で放しているところもある。しかし、捕獲したシカやイノシシの処分に窮しているのが、全国の現状である。そうしたなかで、北海道興部町は独自の処理法を開発して注目されている。それは同町内で捕獲された約三〇〇頭のシカの死骸を、約三〇立方メートルの木材チップのなかに入れ、ショベルカーで一日一回かき回すと、三日くらいで急速に分解され、肥料としての利用も可能であるという。このような活かし方も、道内だけでなく、全国の農村で注目されている(同町のホームページを参照)。

エゾシカと人間の共存の場所

これまで述べたように、北海道のエゾシカ対策は、柵による防除の方法、捕獲による頭数管理の方法、捕獲・処理・肉販売の方法など、地域での合意によってさまざまな対応が生まれた。それは、人間と動物の共生などという生やさしいものではなく、動物との生存競争、生きの闘争であり、他方で動物の保護など人間の道徳的観念や思想に照らして、苦吟・苦闘の果てに行き着いた方法であったといえよう。

エゾシカの例に見るように、人間と動物のあいだで、いま、全国各地それぞれの地域で、個性的なプロセスと、独自の内容をもって、共存の場づくりが続けられているのである。

網走支庁を中心にしたエゾシカ対策の内容は、まさに現代における人間と動物の関係のありようを如実に示している。その関係の内容と意味を考察することは、単に思想や理念としてではなく、また生物と生物の関係ではなく、現実の人間・動物関係、人間・自然関係のあり方、宇宙船地球号に生きる私たちの将来の方向を考える具体的な材料といえよう。

人間は銃を撃ち、罠を仕掛け、知恵と技術によって、たちどころにシカやイノシシを全滅に追い込むことも可能である。人は地球上で、それほど強大な力を持ってしまったのである。しかし、その力を思いのままにすることは、自然のなかで生きる動物たちの存在を否定することになり、私たちを取り巻く生態系を破壊し、シカを捕獲し、肉や毛皮を売って暮らす人たち自身の生活を壊し、結局は人間の存在そのものを脅かすことになるであろう。

競争と共存

北海道の雄大な自然に憧れて、そこに田舎暮らしの場を見つけたある若者は、「その自然に触れることで啓発され、新しい価値観を持つに至ったと思っています。残された自然を手つかずにしておけないものでしょうか。管理などとは、人間の驕(おご)りでしょう。私達に感動を呼び起こしてくれるものを自らの手で壊すことは、本当に愚かな仕業に違いありません」と語っている(『農業・北海道』一九九七年春季号)。

しかし、国内外の人口がここまで増加し、農業や林業を営み、自他の食料を生産していかざるを得ない以上、そしてまた人は高度の技術をもち、あっという間に森林を農地にし、工業用地に振り向け、日々発展への欲望の炎を燃やし続けている以上、さまざまな欲望の自制と、上限・下限を意識した適切な管理が避けられない時代に入っているといえよう。

シカを追い出し、経済生活を守る生の営みと、地球温暖化などの生態環境をめぐる後のない現実、人間の理性や情念、宗教性などのないまぜになった自制の念は、自己の内なる葛藤、社会的葛藤を経ながら、ある地点へと折りあいをつけざるを得ない。その苦吟の果てに生まれ、形成された均衡点、後に述べる「形成均衡の場所」を創り出していくほかはない。そこは単にダーウィンの競争や優勝劣敗の原理だけが働く場所でもなく、単に棲み分けるという美しく平和な場所でもない。

それは奇しくも両者が想定していた中間地点、その競争と共存の緊張関係のうちに形成され、人間の思想性を背負って創り出されてくる第三の場所なのである。そこは人とシカが葛藤し、苦闘の末に獲得される新たな折り合いのついた場所である。

『エゾシカは森の幸』の著者大泰司紀之らは、「食わぬ殺生はするな」という言葉で著作を結んでいる。それは猟師の子どもが遊びで魚を釣っているのを見咎(みとが)めて、父親が叱った折の言葉だという。そこには肉を食べることの許容と、必要以上に殺生を許さない態度が読み取れる。

またアイヌの狩人や和人のマタギも獲物を仕留めた後、動物の命を絶ったことと天の恵みを得たことに、感謝の念を捧げたのである。その背後にあるのは、シカやクマを食べて命をつなぎ、皮をまとって寒さをしのぎ、もともと狩猟民族として生きてきたアイヌやマタギの伝統がある。

その過程はたえず捕獲と保存、競争と共存、依存と排除、闘いと妥協といった緊張関係の連続であり、多くの解き得ない矛盾も内包している。それは明治の北海道開拓以降でも、ほぼ同じといってよい。そのいかんともしがたい矛盾と葛藤のなかで、みずからの生命と生活の基盤である自然への畏敬や感謝の気持ちがコタンの熊祭りにもみられるような諸々の祭祀や行事のなかに埋め込まれ、彩られ、今日にいたっているといえよう。

4 鳥獣害への国の政策

以上述べたように、各地域の苦闘と対策の状況を見てきたが、さまざまな防除策を個人的にとるのではなく、地域的、組織的におこなうことが、効果をあげる基本だと認識されるようになった。

農林水産省では、地域ぐるみの柵の設置や捕獲、鳥獣被害対策実施隊の組織化、捕獲した鳥獣の食肉利用活動などを支援する制度を、しだいに整備・充実し、補助金を交付するようになった。鳥獣被害対策実施隊などは、二〇一五年一〇月現在、全国で一〇一二の自治体が設置し、被害防止計画を立てて活動している。

法律的にも変化があった。

鳥獣に関する法律は、一八九五年の「狩猟法」に始まり、二〇〇二年には「鳥獣の保護及び狩猟の適正化に関する法律」（「鳥獣保護法」）として定められた。しだいに、動物の保護や自然の保全などが重視されるようになったといえる。

しかし、その後、鳥獣の生息数の急増と生息域の拡大によって、各地の被害が発生していることに対処するため、環境省、農林水産省は、二〇一四年に「鳥獣保護管理法」として方向を示し、捕獲を増やし、外来種の持ち込み規制を強化する方向へと転換した。具体的には、環境省がニホンジカとイノシシを「指定管理鳥獣」とする省令を公布、生息頭数を二〇二三年までに半減させる捕獲目標を立てている（農水省二〇一五年資料）。一九〇〇年代初頭までは、姿を現わした獣の「追い払い」が中心であったが、それでは年々の害の増加に対応できなくなったのである。環境省でも、その鳥獣害の現実を重くみただけではなく、野生獣の急速な増加が自然生態系のバランスを崩すとの視点も、そこには含まれていたといってよい。

これらは、自然保護、動物保護の思想を捨てたわけではないが、野生鳥獣に対する考え方が大きく変わったことを意味する。

このことが具体的な効果をあげるには、銃や罠による捕獲が必要だが、図5‐6のように、

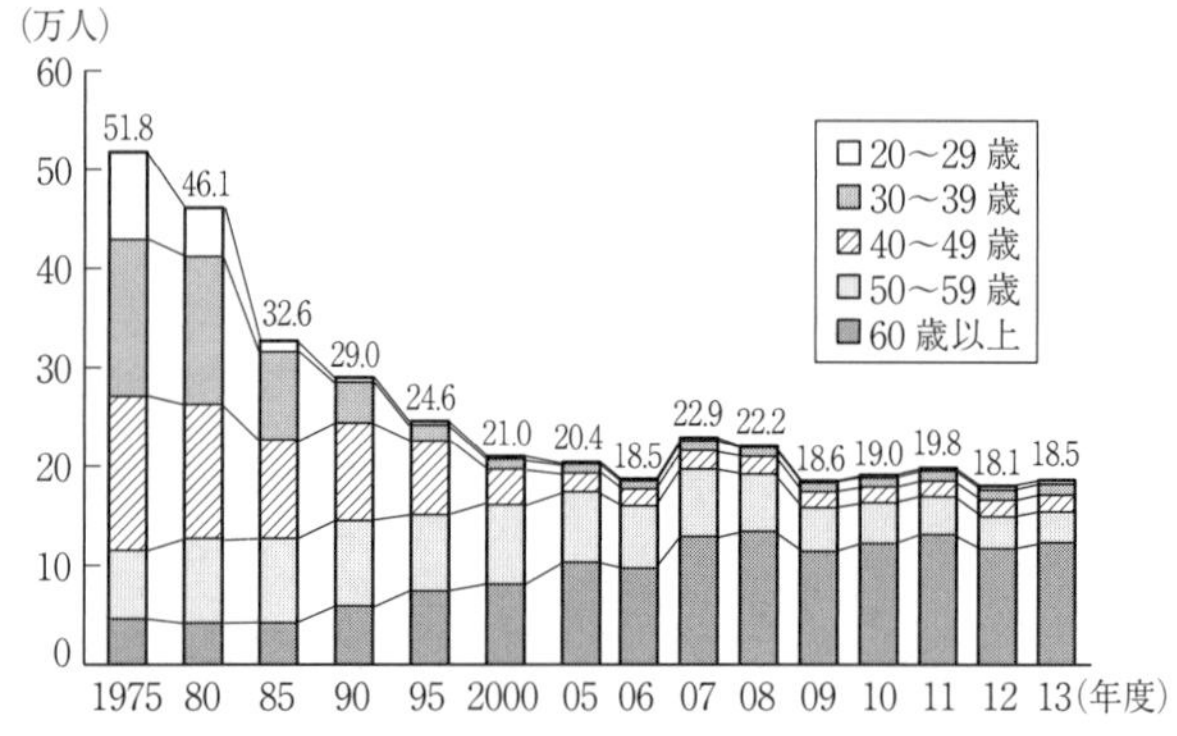

図 5-6　狩猟免許所持者数(年齢層別)の推移(全国)
出典：環境省自然環境局資料.

狩猟免許をもつ人たちが減り、かつ高齢化しており、その補充をどうしたらいいかが課題となっている。

免許の所有者数とは異なるが、関連の深い大日本猟友会の会員数に関しては、二〇一五年度に三七年ぶりに増加に転じたという。その背後には、加害鳥獣の捕獲について、具体的に定められた「鳥獣による農林水産業等に係る被害の防止のための特別措置に関する法律」(鳥獣被害防止特措法)の改正にともなう、シカ・イノシシ半減政策、狩猟免許の有効期間の三年から五年への延長、さらにそのほかに、鳥獣害やジビエ(野生鳥獣肉)活用への関心の高まり、大日本猟友会などの努力がある。そしてなによりも、みずからの狩猟活動が〝地域のためになる、地域の人が喜ぶ〟との思いがテコになっていると考えられる。「狩猟女子」も生まれているという。

大阪府猟友会では、二〇一六年四月に、猟師養成の専門学校を発足させた。若い狩猟者が加わることが待たれているのである。狩猟者だけでなく、猟の際に欠かせない猟犬や、その育成訓練所も減り続け、あわせて課題となっている。

また、大日本猟友会と企業のあいだで、いま注目のドローン（小型無人飛行機）を使った、動物の生息場所や実態、頭数調査のシステムを開発中という。動物の体温と地表の温度差を利用し、赤外線カメラで探査する方法だ。もし可能となれば、動物たちの生態を知り、適切な頭数管理をするうえで、大きな助けとなるであろう（以上、『日本農業新聞』二〇一六年二月一三日、三月五日、四月二八日、六月四日などを参照）。

加えて、新たに生じるジビエの活用が不可欠となる。現在は捕獲獣の処理に困って、ただ廃棄するだけの地域が少なくない。これについては第8章で述べたい。

第6章　人は動物たちと、どう向きあってきたか

前の章までにおいて、鳥獣たちの急増とそれにともなうさまざまな被害の実態、そしてその被害を少なくするための人々の多様な実践や苦慮の姿を見てきた。鳥獣たちの愛おしさと憎たらしさ、被害の深刻化と内外にわき起こる「動物の権利」論などのはざまで、人々はとまどい、動物たちとどう向きあったらよいか、共存の道はあるのかについて苦吟してきた。

この章ではまず、いったいこれまで、人間は動物たちとどう向きあってきたかについて考察したい。

1 動物は人間のためにある——西洋の鳥獣観

肉食文化圏としての西洋

西洋の食あるいは食文化について書かれた日本の著作を見ると、長崎福三の『肉食文化と魚食文化』、筑波常治の『米食・肉食の文明』などでは、日本の食文化と比較対照しつつ、ほとんどが肉食文化の典型として描き出されている。その対比は西洋の「肉とパン」あるいは「ジャガイモと肉」に対し、日本の「米と魚」として象徴的に語られている。それはほぼ正鵠(せいこく)を得ているといってよいであろう。

ただし西洋も東洋も、古くは狩猟、採集、漁撈(ぎょろう)の長い時代を経てきたことは疑いがない。人類は牧畜や穀作を本格化するまでは、山海に育つ動植物を採取して生きてきたのである。ただその気候風土の差異によって、野獣の狩猟に重きがあるか、植物の採集に重心を置くか、あるいはまたより多く河海の漁に頼るかといった違いがあったにすぎない。

しかしやがて人は、牛やヒツジを手なずけ、引き連れて放牧するか、囲い込み、家畜化して育てた。他方では、食べて放置した植物の種子が身近に芽を吹き出すのを見て、大事に育成(半栽培)するなど、それぞれに牧畜あるいは栽培といった農耕定住的な生活様式を確立していったと考えられる。その際、酷暑の地域か極寒の地域か、それとも温暖な地域か、多雨の地域か乾燥的な地域か、山岳地域か沿海地域かなど、それぞれの風土に適した作目に力を入れ、米や麦、ジャガイモ、トウモロコシ、牛や豚、魚や鳥など、各地域独自の主食、副食を選択し、生産方式(農法)を創造し、食文化を形成してきたといえよう。

そうした違いは当然に、それぞれの地域で異なった多様な鳥獣観、自然観を生み出したのである。

主として食と農業の世界から、動物たちと向きあったときの心の動きに注目しつつ、東西の鳥獣観、植物観を検討したいと思う。

「動物は人間のためにある」

先進諸国の高度成長とその矛盾、とりわけ環境問題が深刻化するにつれて、人間と自然の関係、そして人間や動物、植物との関係について考察するおびただしい書物が、欧米や日本で刊行されている。そのなかでも、キース・トマスの『人間と自然界――近代イギリスにおける自然観の変遷』は、ヨーロッパにおける包括的で具体的な人間と動植物の関係史を描き出している。

そのトマスによれば、とりわけ一五〜一六世紀の中世イギリスでは、「世界は人間のために創られ、他の動植物は人間の欲求や必要に服従すべきだ、という既成観念が古くからあり、この臆断(おくだん)をなんら反省しようともせず、大多数の人々はその上にたって行動していた」と書いている。

その原点となったのが、古代ギリシャのアリストテレスの考え方であるという。自然界は四つの階層的な存在からなり、下位にあるものから順に、①鉱物―生命のないもっとも不完全なもの、②植物―生命はあるが栄養機能のみをもつもの、③動物―栄養機能のほか感覚的なものを有するもの、④そして最高位に、思考能力をもつ人間が位置する。

人間と同じく、植物も動物も生き物には違いない。人間は植物と共通の栄養的なもの、動物と共通の感覚的なものをもつ。しかし人間だけが神に似せて創られ、独自の知性的ないし理性的なものを有する。つまり人は自分がいま赤い色を見ているということを自覚し、客観的に自己の存在を意識するのだという(『デ・アニマ』)。デカルトのいう「われ思う、故にわれあり」である。それは、人間の優位を語り、人間より下位にある動植物、鉱物を思いのままに利用し支配することを公然と認める思想であった。その学説がトマス・アクィナスの『神学大全』など中世スコラ哲学によって継承され、ユダヤ教やキリスト教と融合したといわれる。

中世神学者や知識人は、アリストテレスのほか、人間の自然支配を容認することを基礎づけた『旧約聖書』(創世記一章)の、次のような天地創造に関するくだりを引用する。

「神が言った。「われらの像に、われらに似せて、人を作ろう。そしてこれに海の魚、空の鳥、家畜、すべての野(獣)と、地を這うすべてのものとを従わせよう」」。自然は何一つ無駄なものは作らない。すべてはその存在理由をもつ。そこでは、植物は動物のために、動物は人間のために、家畜は働くために、また野生動物は狩りの獲物として存在する、といった容赦のない人間中心の世界が構想されている。ここには神に似せて創造された人間と、人間に奉仕すべき動物・植物の位置関係が明瞭に示されている。

トマスは、それは「世界でも類のない」ような「驚くほど人間中心主義的な宗教」であり、しかも結果的に、『新約聖書』の教義のほうが実際より人間中心主義的なものになってしまったといってよいかもしれない、としている(『人間と自然界』)。

こうして野生の獣あるいは育成した家畜の肉を食べることは牧畜民としての現実であり、神の名において許されていることだったのである。

デカルト「動物は機械である」

西洋で育まれ、近代社会の発展を推し進めた科学技術の思想もまた、動物たちへの思いやりの情は薄かった。ベーコンは自然支配の旗を高く掲げ、具体的な事実から自然を正確にとらえ、征服し、利用することをめざした。「知は力なり」とし、近代工業社会への道を開いた人間が、この世界にいなければ、他のものは目的や意味を失う。人間こそ世界の中心で、それを支配する存在だと主張したのである(『ノヴム・オルガヌム』)。

それに続くデカルトは、動植物を含む自然は人間と異なり、単なる物質としてとらえられ、精神もなく、生命もなく、物質の延長・運動の次元のみで説明しうる機械的な存在だとする。「思惟する主体」、「理性を持つ人間」を、絶対的優位の存在としたことの帰結である。人間も機械であるがその内部には精神や魂、知性を内包するのに対し、動物はそれをもたないので自動機械にすぎないというのである（『方法序説』）。その延長上で、グランなどは、打たれた犬の身もだえや悲鳴はオルガンの音と同じで、痛みの表現ではなく、感覚作用に発するものではないとまで断言している。

さらにデカルトは「どれほど人間が動物を殺して食べても、なんら罪に問われない」と主張することで、人間の優越性を正当化している、という（『動物の解放』）。イギリスの地理学者のペッパーによれば、それはまさにデカルト主義であり、人間の動物に対する行為を黙認し、神にすべての責任をゆだね、人間を「自然の王にして占有者」たる位置にとどめようとするものであった（*Modern Environmentalism*）。これらの点から、イギリスの社会史家のフェリはデカルト哲学を、キリスト教の教える人間の特権をもっとも高く掲げ、「人間に〈すべての〉権利を与え、動物を含め自然には〈いかなる〉権利も与えない人間中心主義の完全な見本」（『エコロジーの新秩序』）だと書いている。

近代工業化社会は、キリスト教の自然観、動物観にどっぷりと身を浸しながら、しかし他方で神学的な世界、中世的な「魔法の庭」（Zaubersgarten、M・ウェーバー）から抜け出し、科学の解き明かす事実の世界へ進もうとする二面性をもっていたといえよう。

人間中心主義を否定することの芽生え

二〇世紀前半までの動物学者にとって、「動物に意識があるかという問いは、ほとんど発言すべきでない禁断の言葉だった」(『動物の心』)。しかし、じつは先に述べた怒濤のような人間中心主義的な流れのなかにも、それを否定する考え方、それとは異なる動物観や自然観をもつ人々や地域もあった。一五世紀から一九世紀のあいだに書かれた説教や冊子などのなかには、人間中心主義を否定し、動物たちを大切に扱おうとする叙述が多く含まれているという(『人間と自然界』)。ボイヤーも、とくに一七〜一八世紀には、「動物の権利」、「自然の権利」論につながる人たちが存在し、急激に増えていたと書いている(*The Rights of Nature*)。

トマスによれば、農学者ジョン・ウォーリッジは、植物にさえも感性を認め、一六七七年に「栄養を与え、保護してくれるものになびき、危害をくわえるものを避け、除去しようとする、植物のなかのある種の知覚力」を検証したが、機械論的な立場の人からは拒否されたという(『動物の解放』)。

しかし、とりわけ農業者は、家畜が人間の言葉を理解できないとは、まったく思っていなかったという。地域によっては日本と同様に、同じ屋根の下で人と牛が生活していたのである。

一九七七年の夏、私が訪れたドイツ・ミュンヘンの郊外にある数百年続くハウスホーファー家の農場では、居間に続く廊下の先は、ドア一枚を隔てて牛舎となり、牛舎の前は牧場が広がっていた。そして同家の人が「来い、来い」と声をかけると、牛たちはいっせいに駆け寄ってきた。この一家から土産にもらった特製の食器には、彼らの先祖たちと牛が、まるで家族のように親しむ姿が描かれていた。神学者や科学者が説くのとは異なり、家畜や野生動物に直接かかわる人々の現場では、動物の情感をも十分に認識し、思いやりつつ、より大切に扱われていたといえよう。

ダーウィンの人間・動物同根論

だがそれらは、決してキリスト教の人間中心主義を覆すものとはならなかった。そうした傾向を論理的に叙述し、根底から覆したのは、人間と動物の同等性を指摘した、ほかならぬダーウィンであった。

ダーウィンの進化論から考えれば、人間は神によって特別な道を通って生まれてきたものではなく、他の動物たちと同じく、長い進化の跡を経て、共通の祖先から枝わかれを繰り返し、いまのような人間となったといえる。彼はこのことを、一八五九年の『種の起源』に続いて、一八七一年に膨大な著作『人間の由来』を著し、立証しようとした。彼は人間の胎児が他の脊椎動物のそれと区別できないほど類似しており、やがてサルに似てきた後、人間の形を現わして生まれてくるのだと、図を描いて説明する。その当否は別として、母親のお腹のなかにいる胎児は、人間の進化の過程を繰り返すという暗黙の「個体発生＝系統発生」を前提にして、議論を進めている。

こうして人類は、他の動物と等しく、人種間の微小な差異をともないながらも人類へと進化し、いま存在していると説く。また「人類と高等猿類との差は、高等猿類と下等猿類の差より少ない」こと、精神作用においても「その差異は程度の多少にすぎず、それらの心性は別種のものではない」とする。さらに人間がみずからに固有のものだと誇りにしている「愛、記憶、注意、好奇心、模倣、その他種々の感覚、直覚、情緒、才能等」において、多少の差はあれ、動物もみな持っており、なかには人間以上に発達している点も多々あるとしている(『人間の由来』)。

これらは事実上、人間は動物たちより一段上位にあるとしてきたキリスト教世界にとっては異端であり、大きな論争が起こった。

ダーウィニアンの〝自然の権利〟論

生物倫理学者であるアルンハルトは、こうしたダーウィンの〝人間中心主義からの脱出〟に賛成し、人間にその故郷である自然環境のなかで、動物たちとともに安住する道を探るよう求め、次のように述べている。

「ダーウィニアンの〝自然の権利〟思想は、自然のなかにおける人間の位置を理解する一つの道を提供した。……私たちは動物のなかでも、ユニークな種であるが、象徴的な言説、実際的な熟慮、概念的思考など、突出した人間の特権は、他の動物たちと同じ精巧なパワーを共有している。……自然界が私たちのために創られていないとしても、私たちは自然界のために創られている。……私たちは自然から生まれ、そこが私たちの故郷なのである」(*Darwinian Natural Right*)。ここでは、自然界は人間のためにあるとする長いあいだの西洋の思想を、根底から否定するものとなっている。

ダーウィンの進化論は、競争と自然淘汰を柱としていたが、それは同時に、〝自由で競争的な市場〟を舞台として経済活動を推進する、近代資本主義社会の思想的な支柱の一つとなったことは、多くの人が指摘するところである。しかし、その資本主義の爛熟期(らんじゅくき)に、人間や動植物を生かしている生態環境を危機に陥れた人間活動や科学技術のあり方に対し、大きな不安と批判が提示されることとなった。

そのもっとも急進的なものの一つが、第3章で紹介した自然の権利、動物の権利を主張するディープ・エコロジーの思想であった。それはダーウィンの自然観を源流としているのである。市場原理を中心とする近代社会の推進と、それに対する批判的思想の両方に、それぞれの仕方でかかわることとなったダーウィンの思想は、まことに奇しき運命を担っていたといわざるを得ない。

西欧から東洋への賛同と軽蔑

西欧の人間中心主義的な動物観、自然観に対し、東洋には対照的な思想があると見られる場合が多く、断片的ながら多くの西洋人たちが東洋のありようを紹介してきた。はたして東洋思想は、西洋においてどのように位置づけられてきたのであろうか。

シンガーやリンゼイのような動物解放を主張する人々は、しばしば仏教やヒンドゥー教を不殺生に徹している宗教思想として紹介する。シンガーはドイツの哲学者ショーペンハウアーを取り上げ、「ショーペンハウアーは東洋思想の西洋への紹介において、影響力のある人物であった。そしていくつかの文章で、彼は西洋の哲学と宗教で広く行なわれている、動物に対する

「胸が悪くなるほど粗野な」態度を、仏教徒およびヒンドゥー教徒の態度と対比させている。彼の表現法は鋭く、軽蔑的なものであって、今日においてもなお適切な、西洋の態度についての多くの鋭い批判がみられる。

トマスは「まるで動物の生命の方が人間のそれより重大でもあるかのように」というオヴィントンの言を引いて、東西の違いを浮き立たせている。ジャイナ教徒や仏教徒、ヒンドゥー教徒が、動物たちの命を崇(あが)めるさまは、まるで「《不可解な愚行》と、一七世紀の観察者の日に映ったわけである。西洋にも似たような考え方の遺風がのこっていたが、これもまた非難の的となった」（『人間と自然界』）。またエコロジストのドゥグラツィアは、「インドの伝統は、いずれも何らかの形で「アヒンサ」（不殺生を意味するサンスクリット語）の教義を受け入れる。それはあらゆる生き物を傷つけないことと、あらゆる生命への畏敬を唱道する。これらの伝統はまた、輪廻転生(りんねてんしょう)への信仰を共有している」（『動物の権利』）と述べた。

このように早くから東洋の思想は西洋に伝えられ、まじめに、また場合によっては軽蔑をもって受け止められてきたのである。はたして東洋とりわけ日本においては、鳥獣たちとどう向きあってきたのか。

2　人も動植物もみな同じ――東洋と日本の鳥獣観

仏教の伝来と肉食忌避

先に紹介した有井晴之に限らず、私の会った少なくない農業者は、現在でもイノシシにせよ、シカにせよ、その捕殺にあたって、「殺したくない」という気持ちになるという。有井晴之にとって、農業を守るためとはいえ、動物たち、とりわけサルなどに銃を向けるには大きな決心が必要であった。そうした東洋の鳥獣観とは、何を意味し、どのような背景があるのであろうか。日本を代表する宗教といえば、やはり仏教、それも神仏混淆としての仏教である。現在も日本の多くの家庭、とりわけ農村の家庭には、仏壇と神棚の両方があって、柏手を打って神に祈り、仏に手を合わせる。

仏教は、インドに起こり、シルクロードを経て中国に伝わり、六世紀ごろ日本に伝来したとされている。それは、人間の煩悩から生まれる尽きせぬ苦悩と向きあい、そこから人々を救い出し、絶対的自由の境地に達する道を示そうとしたものと理解される。ただ仏教といっても、長いあいだに多くの宗派が生まれ、その教義にはさまざまな相違もある。ここでは東洋、とくに日本の鳥獣観はどのように形成されたのか、その主要な経緯と内容を検討したいと思う。その場合、不殺生、輪廻転生、放生(ほうじょう)、供養(くよう)といった思想や行為が、キーワードとして浮かび上がってくる。

殺生の戒め

不殺生は、生き物を殺してはいけないというだけでなく、傷つけない、無抵抗などの意味ももつという。原實によれば、古代インドの段階では「欲するままに、必要でもないのに、みだりに空しく」などの形容をつけて殺生を語るとき、その真の意味が浮かび上がるという。つまり肉食そのものは禁止していないが、みだりに殺生することを戒めているというのである(『不殺生考』)。

しかしその後、ヒンドゥー教の民衆への影響力が強まるなか、「涅槃経(ねはんぎょう)」や「楞伽経(りょうがきょう)」などに見られるように、四〜六世紀には大乗経典の多くも、肉食をさける方向へ動いていく。しかし人は、植物はもちろん魚や獣肉無しに、健康に生きていくことはむずかしい。動物を人間と同じ生命あるものと見るなら、植物もまた同じく生命をもつ。

岡田真美子によると、インド仏教の段階でも、動物も植物も同じとみる考え方は存在していたとされる。そうであれば、穀食肯定・肉食否定の前提として、「植物は動物と違い意識がなく、無(非)情のもので、食しても無慈悲ではない」という重大なトリックが必要だったのである(「動物たちの生と死」)。

中国に入った仏教における不殺生と肉食忌避の思想は、大乗菩薩戒の基本聖典として重視された「梵網経」(ぼんもうきょう)では、仏の教えを受ける者は、これ以上肉食をやめるべきである、肉食は、仏性の根本である大慈悲の心を失わせる、などとしているのである(『放生問答』)。そしてこの思想が、広く日本にも普及することになった。ただその内容は、時代により、場所により、宗派により、差異や揺らぎをともないながら展開していく。

輪廻転生の思想

この肉食をやめよとの理由は、人は人として生まれてきたが、次の世には猫や魚に生まれ変わるという、流転してやまない輪廻転生の世界に求められている。『放生問答』によれば、人はいま、人間であっても、次の世には他のどの生き物に生まれ変わるかわからない。また再び人と生まれ変わっても、誰を父母とするかもわからない。これがインドに起こり、中国、日本に伝わった、人の魂は死後も存続すると考える霊魂不滅と輪廻転生の思想である。

日本でも、すでに平安後期の『本朝文粋（ほんちょうもんずい）』巻一三には「禽獣、魚虫、何レノ物カ流転ノ父母ニ非ザル」と、輪廻の世界が示されている。このような輪廻転生の思想は、神―人―動物―植物のあいだには厳然たる違いと階層があるとする西洋では見られない。東洋では、人は獣ともなり魚ともなって転生しつつ、霊魂は巡りめぐって永遠なのである。

こうして、日本を代表する宗教となった仏教は、既存の神道とも融合し、日本独自の神仏混淆の世界を形成していった。

生活文化史学者の原田信男らが強調するように、殺生戒をもつ仏教と、稲作社会の形成、律令国家の成立は、絡みあいつつ日本の鳥獣観を形成したのである。そこでは、獣肉食だけでなく、魚食さえ抑制し、日本の風土のなかで生産力の高い稲作という穀作・穀食文化へと収斂（しゅうれん）させる力が働いた（『歴史のなかの米と肉』）。

放生

さらに、先に述べた「梵網経」は不殺生だけでなく、その延長上で、とらえた生き物は慈悲の心をもって自然のなかに解き放ち、人間の拘束のもとに置くべきではないとする。鳥であれ、魚であれ、とらえた生き物は慈悲心をもって解き放せ。また人にもそれを推奨せよ、というのである。

『戒殺放生文纂解』や『放生問答』によれば、放生は本来、殺生戒の延長上のもので、生き物を殺さないだけでなく、食べる目的で飼育したり、鳥獣をとらえ、狭い場所や鳥かごで飼養することさえ、避けるように主張しているように見受けられる。

現在も多くの寺社で陰暦八月一五日に放生会がなされているが、かつての殺生否定・忌避の意味あいは薄れ、鳥獣を自然の山野に戻す儀式としてよりは、小さなコイや金魚、カメなどを放生池に放ち、そこで自由に泳がせ、育てる意味あいでおこなわれているようである。

民俗学者の中村生雄の書物にあるように、もともと放生は為政者が徳を示す善行として、殺生禁断を命じ、とらえた鳥獣を野に放たせるという自己満足であり偽善であるとする見解が多い。私が聞いた天台宗の僧の話によれば、現在では、犬や猫、コイや鳥を飼う場合、人が十分な愛情と責任をもち、鳥獣が人を慕う関係にあれば問題はないと解釈されているそうだ。これには現代的な解釈と戒めが含まれているといえよう。

供犠から供養へ

人が肉を食することに関し、鳥獣や神に感謝し、祈りを捧げる仕方に、供犠や供養などの儀式がある。供犠は、神に生け贄を捧げ、動物の呪術的な力を媒介として、動物を与えられた恵みに感謝し、よい関係を成立させ、罪の償いをする宗教的な儀礼としての意味があるとされる(『動物の歴史』)。

長野県諏訪神社などのように、日本でも縄文時代の狩猟・採集・漁撈生活では獣肉や魚の肉食がなされ、それが引き継がれているところもある。北海道のシカ、沖縄の豚のように、豊かな肉食が日常となり、野獣が生け贄として使われたところもある。

しかし、その後、仏教が導入され、殺生戒の思想が浸透し、動物の生命を奪うことを基本的に否定することとなった。だが実際には、飢饉や不作の年もあり、税の取り立ても厳しく、健康や病気回復のためにも、庶民にとって魚を食し、獣肉を食することは避けられないことであった(第7章)。そこでその罪の意識を消すために、供養の儀式がおこなわれた。

宗教学者の若林明彦は、中村禎里などと同様に、供犠と供養の差異を次のように述べている。供犠は動物を神の賜物と見なし、それを食する罪の意識を、その賜物の「一部を送り主への返礼として神に返すこと」により、「一挙に解消あるいは免罪する」ものであるという。これに対し、供養は罪の意識を「宗教的に少しずつ浄化しようとする文化」だという(「動物の権利とアニミズムの復権」)。この見解は「供犠の文化と供養の文化」の差として、東西の差異の真実をよくとらえていると思われる。

ここで浄化というのは、動物そのもの、物そのものに許しを請い、祈るという点に重心が置かれていることが重要である。日本でも「畜生」などという言葉があり、動物を蔑視する面がないわけではない。しかし全体として、動物を慈しみつつも神の許しに感謝することに重心のある西洋キリスト教社会と、異なる点であろう。

こうした仏教導入後の供犠と供養という東西の差異は、唯一神という絶対性をもつ一神教の世界と、草木に至るまで生命あるもののすべてが神性や仏性をもつとする多神教世界、つまり神道と仏教とが融合した神仏混淆の世界との差異を、鮮明に示しているといえよう。遊牧や牧畜に生きる西洋が、天空から睥睨(へいげい)する絶対的な神を生み出したのに対し、稲作農耕社会の広がった日本では、山野河海のそこここに潜んで万物を育み、身近で豊穣な生へのエネルギーをもつ神々が生まれたといえよう。

日本には昔から全国いたるところに牛や馬、クジラやイルカ、犬や猫、鳥や虫、さらには針や衣服にいたるまで、供養のための塔や儀式があり、日常的な光景となっている。仏教思想に由来する供養塔の広範な存在は、人と自然界の身近な繋がりを示しているといえよう。クジラを捕獲する地域での供養も多いが、それはクジラへの感謝の意を捧げることと理解されているという(『日本人の宗教と動物観』)。そして今もなお日常的なこととして、引き継がれているのである。そこには、生きとし生けるものどうしの、広範で親密な感謝、畏敬、祈りの世界が広がっている。

以上のように、日本仏教が不殺生、輪廻転生、放生、供養といった、西洋と異なる特徴をもって庶民に普及したことがうかがわれる。もっとも、天武天皇のように時期と種類を限った殺生の禁止を令した時代(六七五年ころ)、聖武天皇のように、家畜を殺すことを禁じ、違反者を処罰する法を定め、山野の狩猟、採集、漁撈などを当てにせず、人々を稲作に専念させようとした時代(七三六年ころ)、徳川綱吉の「生類憐み(しょうるいあわれ)の令」のように、異常なほど犬を愛護し、人民を困惑させた時期もあった。しかしいずれにしても、庶民にとって殺生戒を厳密に守ることは事実上不可能なことであった。

さらに日本仏教は鳥獣から進んで、植物をどう位置づけるかについて独自の洞察を深め、よりいっそう庶民に寄り添い、その現実を見届けるかたちで、次節で述べるように独特の展開を遂げていくのである。

3　植物をどう位置づけるか

すべての生き物は平等

西洋と東洋・日本の差異を見てきたが、その違いをもっとも鮮明にするものが植物の位置づけ方の差であろうと思う。

西洋の人間優位の動物観に対し、生きとし生けるものの生命をいとおしみ、人間や動植物をまずは同等に置いた東洋的な思想には、明らかに違いが見て取れる。その点で注目されるのが天台本覚思想である。末木文美士の『日本仏教史』は、日本仏教の展開過程を追った著作であるが、それによれば、比叡山天台宗に始まり中世に発展した「本覚思想」は、どこまでも現実を肯定的に見ようとする日本仏教の根底的なありようを示すものだという。

その際、植物にいかなる位置を与えるかが大きな意味をもった。西洋では動植物はともに無情のものと見なされたが、仏教では動物を有情のものと見た。また植物は無情だが同じ生命あるものとして人や動物と同等のものとして扱おうとしたところに、とりわけ日本仏教の特徴があるという。

インド中期の大乗仏教は、本覚思想の原型をもっているとされるが、輪廻思想の〝生き物〟の範囲には、無情のものとされる草木は入っていない。中村生雄によれば、インド仏教の「涅槃経」に説かれている「一切衆生悉有仏性」(すべての生き物は仏性を有する)について、ここでの「衆生」とは意識をもつすべてのもの、つまり「有情」のものをさし、石や草木は「無情」ないしは「非情」のものと明言し、心をもたない非仏性の存在とされているという。したがって「草木は不殺生戒の埒外に置かれ、慈悲をほどこすべき対象とは見なされなかった」のである(『肉食妻帯考』)。

しかし古代インドのアニミズム的な世界観は、草木にも慈悲をかけるべき生命を認めるものであり、ジャイナ教などはその思想を踏襲したが、仏教はこれを無情のものとして除いたとされる。そのことがインドにおいて仏教が消滅する原因になったとする見解もある(『五戒の周辺』)。

草木もまた同じとする流れは、仏教が中国に入ったのち、隋の時代に三論宗を大成した吉蔵が著した『大乗玄論』で確立したのではないかとされる。人は誰でも悟りを開くことができ「衆生のありのままの現実がそのまま悟りの現われ」であり、それどころか衆生の次元だけでなく、草木にいたるまで、生きとし生けるものはみな仏になる性質をもち成仏するという、

「草木国土悉皆成仏」の世界を想定した。しかしこの考えは、中国ではそれほど重視されず、その後日本に入り、天台本覚思想のなかで開花したのである。

本覚思想の開花

これらの点について、整理し考察したものに先の末木文美士の『日本仏教史』があり、またその思想の日本における原点ともなった平安期の安然の思想については、新川哲雄の『安然の非情成仏義研究』などがある。

衆生の心身（正報）と、衆生の依拠する環境世界（依報＝器世間）とは、切っても切れない依正不二の関係があり、有情の衆生に仏性があるだけでなく、無情の草木もまた芽生え、茂り、花実をつけ、枯れていくという「発心、修行、菩提、涅槃の姿」を呈しており、仏性をもつ。そして衆生がひたすら祈り、修行の成就によって成仏するとき、それを取り巻く一切の草木もともに成仏すると説くのである。依正不二、つまり人間と自然の一体性を強調する考え方である。

この立場をもっとも深めたのは平安期の安然のほか、同じく平安期の覚運、良源らとされる。一般に有情のものとは、心ある生命体であり、生きとし生けるものすべてを意味する。無（非）情とは心のないもの、鉱物や草木を指す。しかし彼らは、有情も無情もすべて平等とする草木成仏思想に進化させたとされる(『日本仏教史』)。こうして、末木文美士や中村生雄が指摘するように、平安期以降の日本で見られる草木成仏思想は、日本独自の展開を遂げたものであるとみてよいであろう。

哲学者梅原猛は、『人類哲学序説』において、東洋的、仏教的思想の根源を「草木国土悉皆成仏」の一語が意味するところに求め、また人間と動植物の同等性から出発するところに東洋思想の特徴があるとし、これからの人類が基礎とすべき思想と位置づけている。

また、天台本覚思想は、大乗仏教の特徴である「誰でも悟りを開くことができる」との立場に立っている。それは、それまでの仏教が、出家した者のみが悟りを開くことができると説いてきたのに対し、根本的な差異であり、草木といえども成仏しうるとし、人間相互の関係だけでなく、徹底して人間と自然を同一次元にまで押し広げたのである。

神仏混淆の多元的世界

もともと日本の神は、祖先神的な性格を持っていたので、仏教と親近性があり、神は「国神」、仏教は「他国神」、「客神」などともいわれた。熊野神社(三山)に伝わる本地垂迹説は、本宮の神が阿弥陀如来、新宮の神が薬師如来、那智の神が千手観音を本地(化身)として現われて衆生を救済しようとしたものであり、神仏同体ととらえている。仏教導入が、アニミズム的であった神の自覚をうながしたためであろうか、ここでは神に対して仏が優位に立っていたが、その上下関係はともに微弱なものであり、神仏混淆をうながしていったといえよう。明治初期の神仏分離政策、廃仏毀釈運動はあったが、庶民レベルでは、依然として氏神と寺を守り、神仏をともに祀り続け、ほとんどそのあいだに齟齬はない。

しかも「凡夫が神仏に化す」(末木、前掲書)とされ、日本の神仏思想は全体として誠におおらかで現実的なものとして展開してきたのである。こうした実態は、西洋の唯一絶対の神に比べ、八百万の神々の存在する多元的な世界として、まったく対照的な社会観、自然観、さらに動植物観を形成してきたといってよいであろう。

これらは西洋と東洋の「天国」の様相にも表われている。日本には多くの涅槃図(釈迦入滅の図)が描かれ残されているが、私が見たのは京都の本法寺、南山城・笠置寺の二つの涅槃図である。とりわけ本法寺に伝わる長谷川等伯の大涅槃図は迫力があり、深い思想性が盛り込まれている。

そこには入滅して横たわる釈迦の周りに、その死を悲しむ弟子をはじめ菩薩、天竜(天上界の神々と竜神)や在家の衆など五五人の人々、象、獅子、駱駝、犬、虎、牛、馬などの動物、

京都，本法寺の大涅槃図(長谷川等伯・画．本法寺提供)．

また鶴、雀、雉(きじ)などの鳥たちがたくさん描かれている。それらすべてのものが、釈迦の死を悼み悲しんでいるのである。さらに周りには八本の沙羅双樹(さらそうじゅ)（日本では夏椿）の木が描かれ、うち四本は哀しみで枯れてしまっているが、残された四本は釈迦の教えを広め繁栄を担うべく、青々と生い茂っているとする考え方が示されている。

西洋の天国図は、動物などはせいぜい鳩が数羽描かれているだけのものが多いという。それに比べて「釈迦涅槃図」には、数多くの動物、さらに草木までもが描かれ、生きとし生けるもののすべてが、等しく悲しみに沈んでいる天国図となっているのである。ここにも人間中心主義と、すべてを平等に包み込む世界との差が、誰にもわかるように表わされているように思われる。

次に、さらに進んで、庶民の現実のただなかから、食や農業の実態、動物たちとの向きあい方とその変容を、具体的に見ていきたいと思う。

第7章　庶民の食の変容と動物たち

これまで仏教の教えと動植物観を中心に考察してきたが、庶民の鳥獣をめぐる農業生産と食の現実は、仏教などによる不殺生の戒律を守りきれるほど容易ではなかった。本章では、新たな動物観、自然観を模索する前提となる、庶民の食の歴史的な変容を鳥瞰(ちょうかん)しておきたい。

1 庶民の暮らしと動物たち――近世「農書」にみる

人々の暮らしは、狩猟採集の日々から、しだいに米などの穀物と魚を中心にした生活へと変化していった。庶民の平時の営農と暮らしは、実際どのようなものであったろうか。またそこでの鳥獣や魚は、どのように語られていたのであろうか。

それを近世に書かれた多くの「農書(のうしょ)」のなかに見ていきたい。農書は一般に文字を知り、村の営農や暮らしをリードする豪農などによって書かれたものが多く、後で述べるように、安藤昌益(しょうえき)にいわせれば不要な為政者の末端に連なる人たちの書である。しかしそこには、稲作を中心にした生産技術の改良や暮らしの知恵などが書き連ねられており、飢饉(ききん)を最小限に抑え、みずからの生活を守る努力や術(すべ)、食のありようなども伝わってくるのである。

るようにわかる。それは稲作をはじめ、蔬菜、果樹、家畜、病虫害と防除法、肥料、農具、醸造、漬物などの食料保存法、食生活、飢饉対策、漁業、山林、土壌、気象など、農業経営をめぐる諸事項、さらには人生論や農村生活論が、しかも各地域において、驚くほど広く論じられていることがわかる。

近世農書のなかの人間と鳥獣

『日本農書全集』(全三五巻)を通して見てみると、近世における日本農業の展開の跡が手にとるようにわかる。

ところが、鳥獣について記している農書は、なぜかきわめて少ない。

わずかに近世初期の岡崎を中心にして、三河地方で書かれた『百姓伝記』(著者未詳)が、それに触れている。水田のタニシや小魚を狙って、鴻(水鳥)、軽鴨、五位鷺などが集まり、植栽後の苗を傷めるので、田に竹を挿し縄を張って侵入を防ぐ。小鳥、とくにツバメは害虫を餌にし、その糞は雑草防止効果がある、などと記している。秋の収穫期には案山子を立て、縄を張り、松明を焚いたり、火縄を燃やすなどして鳥獣を追い払うのがよいとしている。またシカ、サルの害もあるので、人形(案山子)を立て、鳴子、水どうつき(水を使った装置で音を出し、シカなどをおどかす道具)で音を出し、夜は見張って弓の弦や空砲を鳴らして追い払うのがよい。大きなヘビやオオカミが人を襲うこともあり、見張り小屋の軒下に火を置いておくとよい。おけら(トゲのあるキク科の植物)とオオカミの糞を混ぜて風上に置くのも効果がある、などと記している(一六巻-2)。獣害に悩み、夜通し見張ることもあったのである。

このように、かつての日本農業も、鳥獣害問題に相当悩まされていたことがわかる。ヘビやオオカミが人を襲うおそれのあることも記されている。害を防ぐため、「イノシシ垣」や「シカ垣」が全国的に築かれてきたことも、立証されている。

しかし全体として、あれほど網羅的な農書なのに、鳥獣害の記述が少ないのはなぜであろうか。農書の筆者は、先に述べたように地主など地域の名望家や藩に仕える農学者たちであった。したがって鳥獣害に悩む現実の農民の姿が、よく見えていなかったのかもしれない。

穀物と魚の確保

農村でイノシシやシカなどの肉が食されたことは疑いがないが、仏教信仰による殺生戒の故か、その事実は農書には表立ってほとんど出てこない。穀物中心の日本では、西洋と比べて、シカ、イノシシ、クマ、鳥などの鳥獣肉の摂取が少なかったこともあるであろう。

しかし大いに魚を食べたことは、容易に察せられる。漁撈については、『奥民図彙(おうみんずい)』(一巻)などが多くの漁具を図に表わして、捕獲の手段を紹介している。

また養殖について、「水辺に空き地のあるところでは、大きな池をこしらえ、水をいっぱいに入れ、コイ、ドジョウ、ウナギを飼養するとよい。そのほか山あいの沢などで、田畑への水利の障害にならないところでは、必ず堤を築いてコイやフナを飼うとよい。三〜四年もたつと池一面に魚が増えて、大きな利益を得ることができる。これを「水畜の利」という。養殖の仕事は海から遠い国ですることで、海辺に近い国では、魚類が多いので養殖する必要はない」(三巻)などとも書かれ、タンパク質の多くを魚に依存していた庶民の姿を映し出している。

ただ支配層や地主層にとっては、年貢として入る稲作に、もっぱら関心が向けられていたと考えられる。たとえば、大地主であった長尾重喬は「近頃の農民は、利益を追求するあまり畑に桃、ミカン類を植えたり、レンコンを作ったりする。これらはずいぶん利益が上がるものだそうだが、農家のあり方としては好ましくないことである」(二三巻)などと述べている。

しかし深い雪に長いあいだ閉ざされ、飢饉の起こりやすい東北部では、自給・販売を問わず、あらゆる場所と機会をとらえて多様な作物を植えること、天候が悪くてもある程度は育つ救荒(きゅうこう)作物の栽培やトチの実、ドングリ、桑の実、栗など山野の食物も収集しておくことが薦められている。暖かい地域においては、時代が下るにつれて、より商品生産が進み、山中にも所得源を広げ、シカや鳥などが狙ってくる穀物ではなく、それを避けうる「三草(麻、藍、紅花)や四木(茶、楮、漆、桑)をはじめ、いろいろな種類をよく考えて有利な草木を植えるべきである」(三巻)などと書いている。

動物たちとともに

庶民にとって、牛、ヒツジ、ヤギなどは比較的安定した乳の提供者であり、飢饉などで、いざとなればやむなく肉として食し、人は生き延びられたのである。また寒冷の地に暮らす北方民族は、シカやアザラシなどの狩猟により肉食をして、またその毛皮を衣類にして生きてきた。そこでは穀類生産は適さず、できても収量は少ないので、野生鳥獣の捕獲や牧畜などに依存してきた。日本でもアイヌの人々は、長いあいだ、クマやシカに生活を依存してきた。

農書『奥民図彙』に、東北の民は「雪モ早クフリシクナレバ大方皮ヲ着ト云、多クハニクノ皮熊ノ皮ナリ、……皮ヲ着サザレバ雪ヤケトテ身タダレ、甚痛ムユエ是ヲ着ト云」(一巻)と書かれている。

第2章で登場したシンガーは、ショーペンハウアーの言「動物を食べることなしには、人間は北方(温帯地域)では生存することさえできない」を引用し、それには根拠がないとしているが、それは違うと思われる。

日本は弥生時代以降、稲作に依存し、穀食中心に生きてきたが、タンパク質は川や海の魚類に依存してきた。そうした、庶民による場所ごとに異なった農耕様式や食文化の形成を、動物の権利論といえども、否定することはできないであろう。

かつての農家にとって、耕作用の牛馬は格別の存在であった。農書『百姓伝記』巻六（一六巻）のなかには、ていねいな馬の飼い方などが書かれている。またこの農書の月報にある黒田三郎の「馬と農家と農作業」には、木曽地方の馬と人の関係について「いたわりながらの馬使い」といったことが書かれている。

日本の農家の多くが、母屋の一角に農耕・運搬用の牛馬を飼い、朝晩顔を合わせ、声を掛けてきた。東北の農民は、村の常会が終わって夜遅く帰ると、女房は寝ていても、牛だけは「お帰り、おかえり」と蹄（ひづめ）を鳴らして迎えてくれる、とうれしさを語るという。

私が少年のころ農家と牛馬を売買取引する人が牛を連れていく際、飼い主も牛も別れがたいなどと話していたことを思い起こす。耕耘や運搬用の家畜が中心で、多頭飼育ではない時代のことであるから、なおさらである。ここには〝家族主義的な動物観〟とでもいえるものがある。

多数の肥育牛を飼養する北海道の農家を訪れたとき、玄関先に「畜魂」と書かれた円い石が置かれていた。そのわけをたずねると、みずから育てた牛に情が移り、流通・消費されていくことに対する祈り、わが暮らしを立ててくれることへの感謝の念を込めているとのことで、日本の農家の動物に関する伝統的な向きあい方が伝わってくる思いであった。

2 飢饉の歴史と様相

食の歴史は飢餓の歴史

庶民は、ふだんは比較的安穏に暮らしているのだが、繰り返し襲ってくる飢饉について知ることなしに、その内実を語ることはできない。

とくに、美食と飽食の現代に生きる私たちには、理解しがたいかもしれないが、『日本書紀』以来八〜一九世紀のあいだに記録に残る飢饉だけでも五〇〇回に及ぶという(表7-1)。およそ四〜五年に一度の割合で、全国的にあるいは局地的に日本のどこかで、庶民は生死の境をさまよう飢饉に襲われたのである。人々にとって、なんとも恐ろしいのは、戦争や病気だけなく、家族ごと、村ごとの死をもたらす〝食べるものがない〟こと、つまり飢饉の襲来であった。飢饉の原因には、干ばつ、長雨、冷害、洪水、暴風雨、戦乱、病害虫の大発生などがある。そのとき人々は、池の魚や野生獣はおろか、山野の草木やその根、家畜や人肉まで食した記録が残されている(『日本史小百科――災害』、『日本凶荒史考』など)。

飢饉の記録は、古くは欽明天皇二八(五六七)年に、「郡国大水いでて飢えたり」と、人々の苦しむ光景が記され、天武天皇五(六七六)年には下野国で「所部の百姓、凶年に遇りて飢えて子を売らむとす。……しかるを朝聴したまわず」などと記されている(『日本書記』)。

飢饉のなかでも、歴史上とくに悲惨な爪痕を残したのは、江戸時代の享保、天明、天保の三大飢饉といわれる。とりわけ有名なのは、日本史上空前といわれる天明の大飢饉である。天明二(一七八二)年から異常気象が続き、およそ五〜六年のあいだ連続不作となり、全国的な大飢饉が発生した。

表 7-1 世紀別の飢饉発生回数

世紀	回数
8	61
9	71
10	23
11	13
12	15
13	16
14	16
15	37
16	44
17	54
18	76
19	49(74)
計	475(500)

出典：丸井英二編『食の文化フォーラム 17・飢餓』ドメス出版, 1999 年, 24 頁(『日本凶荒史考』を参照して丸井氏作成). ただし 19 世紀の( )内は 100 年に換算したもの. 合計数は筆者記入.

悲惨の極限としての天明の大飢饉

たとえば『続日本王代一覧』には、

次のように記されている。

「天明二年、この歳春夏陰冷霖雨し諸国四分の減収を称え、西国特に南海九州等大いに凶荒す、……翌三年……わけても東北関東は春来北東の寒冷風に終始し未曽有の大凶作となりしも余儲なきを以て、流民道路に堵をなし、餓莩山野に相望む、……〔所によっては〕餓苦に耐えずして人相食むに至る……天明二年より七年に亘る間、北は北海道より南琉球に至るまで諸国頻りに飢荒し、我が国土殆ど完膚なかりしと云ふ」(『日本凶荒史考』)。

当時の人々の日記である菅江真澄の『遊覧記』、高山彦九郎の『日記』などにも、また別の角度から、鬼気迫るリアルさをもって現場の状態が記載されている。このような状況であったが、農民が領主などに税の減免や「御救米」(飢餓救済のための給付米)を懇願してもほとんど聞き入れられなかった。

飢饉は最低二年続く、といわれる。翌年気候の異変はなくとも、やむなく翌年の種籾まで食べてしまうこと、働き手が失われることなどによる。天明の大飢饉は、じつに五〜六年も続き、人心の荒廃も極限に達していたのである。人は日々食べなければ生きられないことを、そしてそのためには人が鬼にも蛇にもなることを、これらの文献は暗示している。死者のために後に建てられた多くの供養塔が東北を中心に各地にあるが、それは人々の哀しみと祈りの証である。

表 7-2　各地の棄老伝説の内容

捨てられる人		捨てられる年齢		捨てられる場所	
老人	172 件	49〜50 歳	13 件	岩場，崖，岬	68 件
婆	25	60	76	山，森，林	60
爺	7	61	19	川，沢，瀧	18
老盲	1	62	6	穴	8
老幼	1	70	3	野，峠	5
記載なし	1	80	1	その他井戸等	24
		記載なし	89	記載なし	24
計	207	計	207	計	207

出典：大島建彦「姥捨ての伝承」『日本文学文化』東洋大学日本文学文化学会(改巻 1 号)2001 年 6 月，11〜18 ページの伝承一覧 207 件の表を参照してまとめた．「老盲」とは老人と盲人，「老幼」とは老人と幼児のこと．これらの表現は，各地の記録の表現によったもの．

姨捨山伝説

日本農村のもっとも悲しい出来事の一つに、棄老の歴史がある。飢饉と貧困のなかに、姨捨ての起源が想起される。私はかつて、日本各地に伝わり、信州更科の里に象徴される姨捨山伝説を追ったことがある。姨捨てとは、歳を取って役に立たなくなれば山に捨てられるという、まことに残酷で哀しい長寿物語だ。深沢七郎の名作『楢山節考』や村田喜代子の『蕨野行』は、それを小説にしたものである。

この伝説は、飢饉のとき、たとえわが身を絶っても子や孫の生命を生かそうとした、高齢者の覚悟ではなかったか。高齢者がみずから山に向かったか、あるいは息子に足腰の立たないわが身を捨てるようせがんだところから始まったのではないか、と考えられる。私には、哀しくも美しい、生死を超えた、人間の姿と映ったのである。しかしその後は、飢饉の厳しさから、しだいに送り出す側の勝手な慣わしとなってしまったのではないか。地域により多様なかたちと内容をともないながら、いずれにしても哀しい物語として、今日に伝えられていると見るべきではなかろうか。

表7-2は、各地に伝わる伝説について、捨てられる人、年齢、場所を一覧にしたものである。この姨捨て、爺捨て、親捨ての伝説は、多様なかたちを取りながら、全国におよそ六〇〇近く伝えられている。おそらくは、各地で実際に起こったことと考えてよいであろう。

飢饉で窮するのは、食べ物を生産する農民自身であり、もっとも悲惨なのは消費地・都市でなくて農村であることに複雑な思いが走る。

3 飢餓と殺生戒のはざま

安藤昌益の『自然真営道』――鳥獣食は当然

これまで述べたような、飢饉で窮地に陥った庶民の立場からする食のありようを語り、新たな動物観や自然観、そして社会観、驚天動地の社会変革論を提示する思想家もまた現われた。

そのなかで、もっとも激しく単刀直入な議論を展開する江戸中期の思想家が、安藤昌益である。

昌益は、『自然真営道』や『統道真伝』のなかで、「自ら耕し、食べること」こそ、人の道の根本だとして次のようにいう。

「食は人・物与に其の親にして道の太本なり。故に転定(天地)、人・物、皆、食より生じ食を為す。故に食無き則は、人・物即ち死す」。「分けて人は米穀を食して人と則ば、人は乃ち米穀なり。人唯食の為めに人と成る迄なり。曽て別用無く、上下、貴賤、聖釈、衆人と雖も食して居るのみの用にして、死すれば本の食と為り、又生じて食する迄の事なり」。「鳴くも吠ゆるも皆食わんが為めなり。故に世界は一食道のみ」(『統道真伝』)。

あらゆる上下関係を廃し、人はすべて、みずから直接耕して米を作り、直接織って着るという「直織直耕」の暮らしを立てることこそ、転定(天地)の道だという。したがって昌益によれば、王や儒、仏、神などに繋がるとする、いわゆる聖人なる者は、みなみずから耕さずして飽食する「不耕貪食」の者であり、自然の道を盗む者であるという。この世に政は不要であり、さらには庶民の囲碁将棋などの娯楽や村祭り、飲酒などは人を怠惰にするもので、自然の道を外れているとする。

東北という厳しい地域にあって、飢饉の実態も知り、庶民の暮らしを案じてきた昌益の眼差しは、社会の矛盾を見つめてあますところがない。その昌益は食に関し、人は米なりと言い、五穀を食することを、もっともよしとするが、鳥、獣、虫、魚の肉を食うのは「米穀の補助」として、何ら差し支えないとする。そして草木を無情のもの、動物を有情のものとして、いずれも人の食として容認し、自然なこととしている。

ただ昌益の議論は、現実の社会からやや遠いように思われる。それは生死の境をさまよう人々と、がっちりと制度化され統治下にある稲作社会のはざまで、架橋しがたいあまりにも大きな溝を見た者の言説といえよう。

中世、近世にも肉食があったことは、曲直瀬玄朔(まなせげんさく)の『日用食性(にちようしょくしょう)』や香川修徳の『一本堂薬選』、貝原益軒の『大和俗訓』などを見れば明らかであるという。縄文時代はもちろんだが、仏教伝来後も、時代によって程度の差はあれ、肉食は最小限おこなわれてきた。宗教上の戒めと生活の現実のはざまに揺れる庶民に対し、「あるがままでよい」、「そのままでよい」とする現実肯定的な思想もまた多く生まれたのである。庶民のための学を追究する石田梅岩のような立場もそうだといえよう。また仏教においても「戒律の空洞化」(『肉食妻帯考』)と称されるような傾向も生まれた。

石田梅岩の庶民学

江戸時代の心学家、石田梅岩(勘平)は、その著『都鄙問答』のなかで、庶民の殺生や肉食について語っている。心学は精神を修養する学問とされ、江戸時代に神・儒・仏の三教を融合し、卑近な例を用いて庶民のために道を説いた学問だとされる。梅岩は次のように述べている(要旨、現代語筆者訳)。

ある禅僧が村にやってきて言った。「息子の婚礼だからと魚などの生き物を殺して殺生戒を破っている。めでたいこととはいえ、じつに俗家は浅ましく哀しいことよ」と。しかし、この僧は教えの本質を知らない者である。なぜならこの僧は朝から無数の米粒を食べたことであろう。五穀は動物のように情をもたず、殺生ではないと思うかもしれぬが、大乗の法には有情・無情の隔てはない。草木国土悉皆成仏といい、万物皆仏なりという。戒律を守るというなら、五穀も食べてはならない。食わねば死しかない。

また、鳥は魚や虫を食べ、オオカミはサルやシカを食う。これらは殺生というより天道である。戒律も天道を見ずしては成り立たない。夏の日に米もしばらくすれば、糠虫(ぬかむし)がわく。糠虫を除くことは殺生であり、五穀も殺生なくして食することはできない。この僧はこうしてみずから殺生して身命を繋ぎながら、俗家の殺生を笑う。俗家がめでたいときに魚鳥を用いることに何の問題があろう。

ここには、弱肉強食の食物連鎖が語られ、草木は無情かもしれないが、動物と変わることなく仏性をもつと述べ、仏道によって心を清めることは大切だが、人が生きいくのに殺生なしでは済まされない、などと明言していることは興味深い。

また、この説話からも見られるように、肉といえば、日本の場合は、多くは魚を意味していると思われる。草木や動物を区別せず、等しく生命を有するものとしている。

梅岩の立場は、人間は貴く、動物は浅ましいなどとも書いているが、説明しきれない「天道の不可思議」な事実、矛盾する現実を呑み込み、そのはざまに揺れ動く緊張関係のなかで、貴重な生を清くまっとうしようと願う東洋的な情感の、独特のニュアンスを読み取らねばならないだろう。日本の伝統は、大陸から入ってくるさまざまな文物をいったんは受け止め、それを溶かし統合して独自の文化と文明を創造してきたところにある。神・儒・仏の三教を統合しようとした心学の立場にも、それが読み取れる。

戒律の空洞化？

中村生雄は、「道元禅師に代表されるような禁欲的な性格よりも、むしろ……欲望肯定の思想といったものが日本人の多くにはより馴染みやすい思想として受け入れられたという傾向」があり、「戒律が完全に空洞化していくということが日本仏教の特徴としていわれている」と書いている(『肉食妻帯考』)。前の章で述べたように、あるがままを受け入れようとする、「天台本覚思想」に特徴的であるといえよう。

さらには、いっそのこと人間としてのわが身の奥底に渦巻く「肉を食べたい、妻をめとりたい」という〝肉食妻帯〟の内なる欲求を、白日のもとにさらした親鸞の姿があった。僧は肉を食べず、妻はめとらないという当時の仏教界の戒律、また仏教界に対する国家の厳しい監視もあったとされる(『歴史のなかの米と肉』)。それにもかかわらず、花街界隈に出入りして、秘かにその戒めを破る僧の存在、そして何よりもわが身に沸き起こる欲望、そうした現実を乗り越えようとする僧や親鸞自身の苦悩を表わしたものであった。また「海や河で網を引き、釣りをして暮らしを立てる人も、野や山で獣を狩り、鳥を捕えて生活する人も、商売をし、田畑を耕して日々を送る人も、すべては同じこと」(『歎異抄』)と、庶民の現実に寄り添い、同じ次元に立って生き方を求め、則(のり)を越えないようみずからを律しようとしたものといえよう。こうして浄土真宗のみが、長く、幕藩体制の中で「肉食妻帯の自由」を認められてきた。ちなみに仏教における妻帯の禁止を解いたのは、仏教圏のなかで、今のところ日本仏教のみであるといわれている。肉食は、どこでもほぼ許容されている。

あまりに強い戒律は、さまざまな歪みをも引き起こす。日本の「殺さず食べず」の動物観、肉食観は時代により変容しながらも、長いあいだ仏教の殺生戒や、神道の穢れの観念などを軸として、展開してきたことは疑いがない。しかし中村生雄の『日本人の宗教と動物観』によれば、それによりしばしば、日本社会に歪みをもたらし、近世における差別と偏見の問題を生み出してしまった。原田信男は『歴史のなかの米と肉』で、その形成過程を鋭く追っている。

4 「米と魚」から「パンと肉」の国へ

いくどもふれてきたように、日本の歴史には肉を食することに大きなとまどいがつきまとっていたことは否定できない。しかし明治維新を機に、事態は変わっていく。

文明開化としての肉食と畜産振興

明治政府は文明開化の運動にとりくみ、「脱亜入欧」を食生活にも取り込み、肉食を推奨した。とくに強兵の養成をめざす目的で、陸海軍の兵食に肉や牛乳、牛肉煮缶詰を取り込んだといわれる。一八七五年には、「是上天子ノ御膳ニ供シ下人力車夫ノ立食イニ至ルマデ上下ノ社会ニ論ナクタダ牛肉ヲ貴上是ヲ食スルハ日一日ヨリ盛ンナリ」と報道された(『肉食文化と米食文化』)。文部省検定の教科書のなかでは、肉食忌避を「土風因習」として、肉食を進めようとした。

これらは千数百年にわたって影響を及ぼした仏教の殺生の戒めを根底から覆す、第一の食の大転換であったといってよい。そこではプロテスタントの教えが参考にされたといわれる。資本主義社会の促進にプロテスタントの倫理が連動していたとする、マックス・ウェーバーの『プロテスタンティズムの倫理と資本主義の精神』が思い起こされる。明治政府が浄土真宗だけでなく、宗教界全体の肉食妻帯を認めたことも大きな意味をもった。

しかしいずれにしても、畜産業の発展、肉食の急伸と日常化という本格的な食の大転換は、第二次大戦後の高度成長下の所得の増加とともに起こり、ついに肉が魚を凌駕したのである。

「パンと肉」への転換――瑞穂の国を去る日本

一九四五年に第二次世界大戦が終わり、一九五四年以降は「神武以来」と称される高度経済成長が始まる。そして、国民所得の増大とともに、牛、豚、鶏などの肉を消費することが急速に増えた。次いで、米からパンへの転換が進んだ。米の消費は最大時の一人当たり年間一四〇キロ弱から現在では六〇キロ弱へと、およそ半分以下に落ち込む状況となった。

図7-1をみると、二〇一一年には、家計支出金額(二人以上世帯)が、米二万七四三五円、パン二万八三二一円となり、パンの消費額が米のそれを超えた。二〇〇〇年来和食の主座を占めてきた米は、その地位を退いたのである。

また米と並んで、日本の伝統食を彩ってきた魚も、量的には二〇〇八年に肉が魚を上まわった。また、図7-2のように、二〇一三年に魚が七万八七三九円、肉が七万九三一七円となり、肉の消費額が上まわった(総務省「家計調査統計」二〇一四年)。

こうして二〇〇〇年の歴史をもつ日本の「米と魚」という食の基本は、家計支出金額から見るかぎり、ついに「パンと肉」の国へと、本質的な転換を遂げたのである。瑞穂の国、海洋の

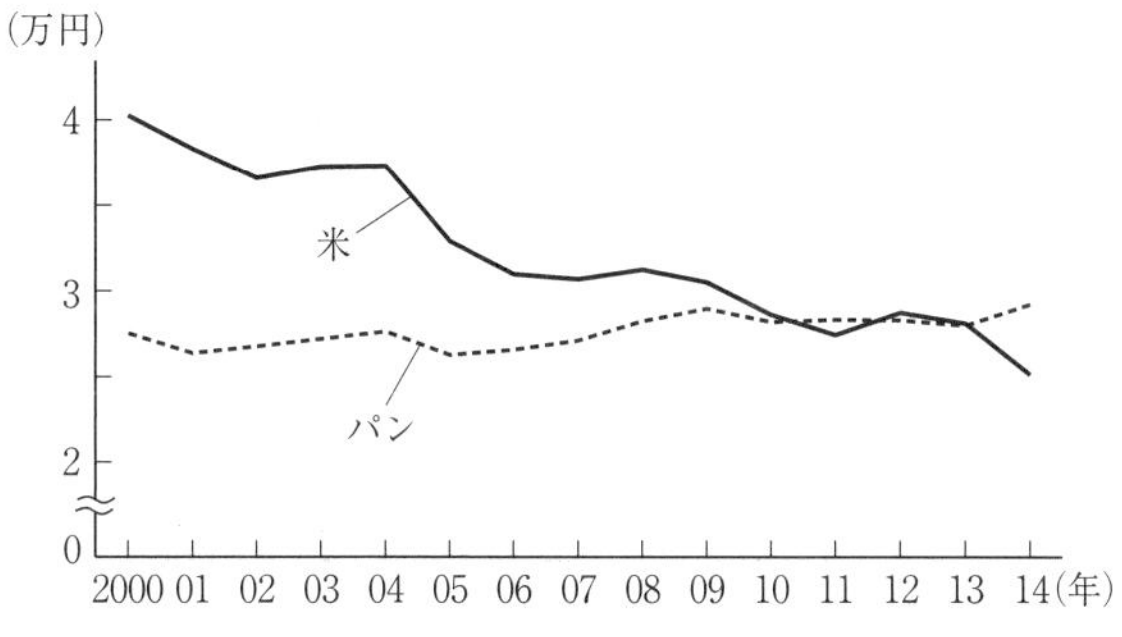

図 7-1　米とパンの家計支出金額の推移
注：2 人以上世帯の数字.
出典：総務省「家計調査統計」より作成.

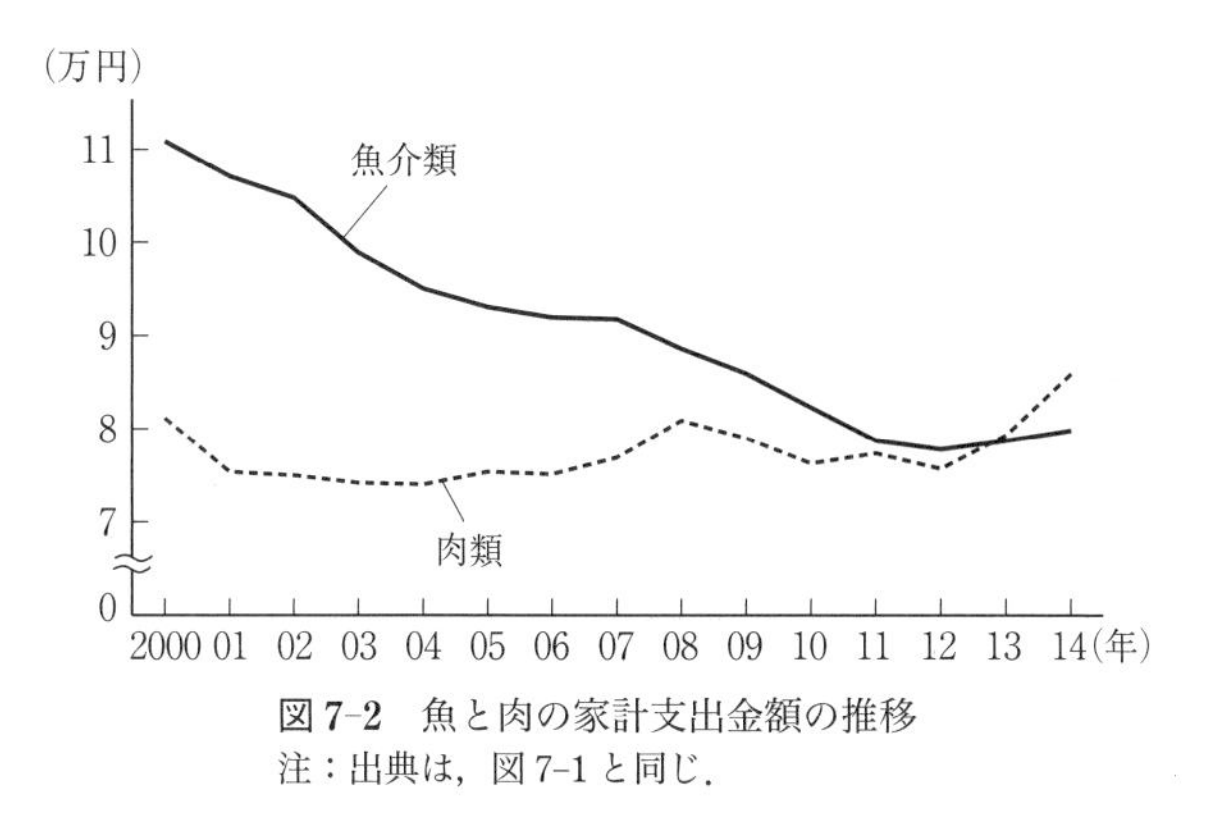

図 7-2　魚と肉の家計支出金額の推移
注：出典は，図 7-1 と同じ.

国において、なお米も相当食べるとはいえ、洋風化が大きく進んだといえよう。わずか数十年のあいだに、これほどの食の変化を遂げた国はないという。皮肉な見方をすれば、二〇一三年には、和食もついに「遺産」と化したともいえるのである。

食卓から姿を消した動物たち

先に述べた「パンと肉」への大きな変化は、日本の動物観、自然観にも微妙な陰影を投げかける。もともと日本の家畜は、田畑の耕起や運搬などの使役用が中心で、食用としては育成されてこなかった。そのため肉食は明治以降、とりわけ戦後の高度成長期に伸びてきた。食肉向けの畜産業も、いわば近代市場経済下で始まったのである。

現代の市場経済機構は、高度に合理化された経済効率的な分業システムである。たとえば肉でいえば、生産から小売りまでと、多くの段階を経て消費者に渡る。ほとんどの人は、こうしたプロセスを知らず、スーパーに並び食卓にのぼるのは、あくまで単なる肉片であり、高いか安いか、おいしいかまずいか、健康によいかどうか、どこの国のものかなどを基準に商品を選ぶこととなる。

このような状況のなかで、日本の食卓に肉こそ豊富に並ぶものの、動物たちの姿は見えにくくなっているのである。まして海外で生産された肉となれば、ますます視界からは遠い。経済の国際化、貿易の自由化と輸入の増大によって、いっそう見えない世界が広がっていく。

第8章　新たな動物観への展望

1　もう一つの肉食としてのジビエ利用

再び姿を現わした動物たち

村に町に鳥獣害が拡大し、イノシシやシカなどの本格的な捕獲を通じて、それを解決せざるを得ない状況になったことは、これまで縷々と述べてきた。増え続けるイノシシやシカの捕獲必要数は、今後、年間数十万頭にのぼると推定されている。やむを得ないこととはいえ、その数は膨大で、それをどう処置するかが大きな問題となっている。『日本農業新聞』(二〇一五年一〇月五日)によれば、現在のところ肉として活用されているのは、およそ一四%に過ぎない。鳥獣たちの生命を奪うとすれば、ありがたくそれを生かしきること、また故郷の創生のためにも、鳥獣肉を食材として活用することが求められている。

先に、日本の食卓では動物たちの姿が見えず、私たちは、ただ〝肉を食べる人〟となっていることを述べた。もし、鳥獣害の拡大対策の延長上で生まれたジビエ(野生鳥獣肉)の普及が本格化すれば、動物たちが再び私たちの前に、姿を現わしてくるともいえるのである。「これが近頃日本を騒がせているシカやイノシシの肉なのか」、「どうやってここにきたのか」、「ありがとう」、「いただきます」といったかたちで、思考されるべき食の原点に立ち戻らざるを得なくなる機会だともいえる。いわば、ジビエ食の普及は、日本の肉食化を特徴づける家畜肉とは異なる、もう一つの肉食の始まりであるといえる。

幸い、イノシシやシカなどの半減策を宣言した環境省や農林水産省は、地方創生の一環として、先に述べたように、鳥獣被害防止特別措置法を改正し、さまざまな補助金を用意して、ジビエ利用に力を入れはじめている。各地域も、鳥獣肉を郷土の有用な資源と認識しなければ、問題の根本解決はない、と考えるようになっている。

こうして、ジビエの本格的な活用は、日本の食にまた新たな要素を加えるものとして注目しなければならない。このような意味において、野生獣の肉を食べることは重要なこととなった。それがどのように遂行されようとしているのか、その実態と意味を見ておきたい。

芽生える多様な利用形態

北海道の置戸町認定こども園では、シカ肉は鉄分が豊富で、低脂肪・高タンパクだとして、二〇一三年からエゾシカ協会認証施設の肉を仕入れ、給食に利用している。また釧路市、兵庫県青垣町、滋賀県多賀町や日野町、岐阜県揖斐川町などでも、試験的に学校給食へ導入されている。多くがシカの食害に悩む山間部の地域だ。そこでは「鹿肉給食は、命を頂くという動物への感謝の気持ちを育み、地域の環境を学ぶことにつながる」(『朝日新聞』二〇一四年一二月一八日)と認識されているという。

福井県では、県立大学の教員が学生たちとともに、「team4429(シシニク)研究会」を結成した。そこでは、ただ害獣を捕獲・廃棄するのでなく、肉として人間が利用することが重要で、意味のあることだとの観点から、活用実践のための地域活動に入り、『食料・農業・農村の動向』(白書)などにも紹介され、注目された。

各地域では、野生獣肉を貴重な資源として、処理—加工—食材化して消費される循環システムを築くことが急務である。それを実践する地域や自治体が各地に生まれつつある。それらの実践例は、日本農業新聞取材班の『鳥獣害ゼロへ』や農林水産省の資料「捕獲した鳥獣の食肉利活用について」、あるいはしばしば新聞やテレビの報道などに多く示されている。

農林水産省の推定では、少なくとも一七〇余りの自治体やグループが試行錯誤を続けている。各種資料や情報を整理し、各地域における特徴的な事例をあげると、表8-1のようになる。

この表に見るように、各地域の実践は、じつに多様で、焼き肉やなべ物はもちろん、カレー、コロッケ、ミンチカツなど新商品の開発、ペットフード化、あるいは缶詰化、またそのレスト

表 8-1　ジビエ(野生鳥獣肉)などの活用の事例

地域名	事業の主体や内容，その特徴など
北海道足寄町	シカ解体処理場設置，食肉などを販売，先駆的事例
北海道興部町	短期間にシカを解体・発酵させ肥料化・特産品化
北海道斜里町	エゾシカファーム，捕獲・養鹿で安定的な食肉処理販売
北海道鷹栖町	シカ肉の缶詰，生ハム，ペットフードなどの製造販売
宮城県石巻市	シカの角を利用した装飾品製造販売
群馬県下仁田町	神津牧場，夜のシカの生態を見学する探検ツアー
長野県長野市	駅前商店街，ジビエ料理の観光客への提供
三重県	県主導でジビエ普及活動，スーパーなどでシカ肉販売
三重県伊賀市	芭蕉農林，シカ肉をペットフード化して販売
和歌山県	野生鳥獣協会，獣の処理加工方法の指導と普及活動
和歌山県日高川町	ふるさと振興公社，シシ肉カレーなどの製造販売
京都府中丹地域	シカ肉のシェフを招き，獣肉の処理加工普及活動
兵庫県佐用町	商工会青年部，人気のシカコロッケ，ミンチカツなどを生産
岡山県各地	障害者就労支援のシカ皮製品製造事業
広島県倉橋町	野生獣を食肉化，肥料化し販売
島根県浜田市	しまねの味開発指導センター，ジビエ料理の開発支援
愛媛県西予市	ししの里「せいよ」，野生獣肉の処理加工
佐賀県武雄市	獣食肉加工センター，イノシシ突猛進「やまんくじら」運営
宮崎県えびの市	シカ協会，シカ皮を利用したバック，ベルトなどの製造販売

注：全国各地で相当数の事業が始められているが，農林水産省「鳥獣被害対策実施隊の設置等について」，中国新聞取材班編『猪変』，日本農業新聞取材班『鳥獣害ゼロへ』，各社新聞報道などより，特徴的なものを選択して筆者がまとめた．

ランへの販売、宅配システムの構築などがみられる。皮や角の利用、夜間のシカの生態を見る探検ツアーなど、観光地域資源として生かす動きもみられる(『鳥獣害ゼロへ』ほか)。

フランスなどでは、捕獲したシカを一定期間飼育しつつ、需要に対応しているといわれ、野生獣の半家畜化といったことが考えられる。これと同じように、すでに「養鹿」プロセスを導入した事例もあり、管理方法も提起されている(『シカの飼い方・活かし方』)。三重県では、パンフレット「鹿肉料理」を作成、配布して普及を図り、スーパーなどでもシカの肉が販売されるようになっているという。

ジビエ食を普及するために

これまで述べたような諸事例が、成功裏に展開していくには利用方法の開発と同時に、加工・流通の過程が組織化されるなど、多くの条件が必要だ。

まず食品として、衛生面での安全性が確保されねばならない。厚生労働省は二〇一四年に流通・加工・調理にかかわる「野生鳥獣肉の衛生管理に関する指針(ガイドライン)」を定めた。それを守った事業に対し、農林水産省は、獣の処理施設、冷凍・冷蔵施設の設置、流通・販売の促進に補助金を交付し、三年後には捕獲獣の三割を利用すること、料理店を一〇〇〇店に増加することをめざしている。そのためにも、ジビエ独自の食品表示規格が遠からず決められることとなっている。さしあたり、ジビエを扱う組織への冷蔵・冷凍施設の設置補助金も二〇一六年度から開始された。

ジビエも珍しいだけでなく、美味でなければ長続きしない。美味であるためには、調理方法はもちろん、捕獲期の選択、どこを撃つか、血抜きをしたかどうか、解体方法や保存方法など、捕獲・加工・流通過程での取り扱い方が重要だ。さらに、需要の拡大、安定した供給が事業としてのカギになる。場合によっては、捕獲後しばらく飼養して美味性と供給の安定化を図る必要があるかもしれない。イノシシ肉はほとんどの肉が利用可能だが、シカ肉の場合は美味な部位とそうでない部位があり、多様な利用方法が必要といわれる。

地方創生関係の議員のあいだで、鳥獣食肉利活用推進議員連盟(ジビエ議連)が組織された。また、こうした捕獲から出荷までの詳細な処理加工手順や支援政策の内容を、わかりやすく「ジビエ活用すごろく」にして、早急に普及・具体化しようとする動きもある(『日本農業新聞』二〇一六年一月二八日)。

こうして、野生獣肉をめぐる問題は、私たちにとって身近なこととなり、消費者にとっても動物たちが目の前に改めて姿を現わしたといってよいであろう。このことは、次に述べるように日本の食と動物観の形成にとって大きな転換点を意味しているといえる。

2　東西の動物観の展開過程と統合

東西動物観の差異と諸段階

こうして肉食の増大、野生獣肉の普及といった状況は、動物観、鳥獣観のありようにさまざまな問いを投げかけている。西洋、東洋(とりわけ日本)、それぞれの地域における鳥獣観、自然観には、さまざまな違いが見られ、その背後には歴史や風土があり、そしてそこに形成された宗教など文化のありように映し出されていることがわかる。ここで改めて、両者の差異や歴史的な経緯を整理し、鳥獣観、動物観や自然観の今後の展望を考えてみたい。

これまで、牧畜型と穀作型として西洋と東洋・日本を相対化してみてきた。それは主として中世、近世に特徴的なことで、それ以前、そしてそれ以後の近現代においては、また異なった様相を呈する。ここで、大まかに原始社会—中・近世—近・現代の三段階にわけてその経緯を追ってみると、その異質性や同質性、現代日本の食問題、鳥獣害問題の意味や背景、そして今後の展望などが透視できるように思われる。

表 8-2　動物観・自然観の諸段階(西洋と東洋・日本)

	原始社会	中・近世	近・現代
西　洋	狩猟・採集社会 アニミズム 動物・自然に感謝	牧畜・肉食中心社会 キリスト教 神への感謝	牧畜・肉食中心社会 宗教性混乱・希薄化 感謝の喪失
東洋・日　本	狩猟・採集社会 アニミズム 動物・自然に感謝	穀作・菜食中心社会 仏教 動物への感謝	有畜・肉食的社会へ 宗教性混乱・希薄化 感謝の喪失
西と東	同質的	異質的	同質的

注：西洋と東洋・日本の諸段階を相対化し，やや強調して示した(筆者作成).

鳥獣をめぐる東西の社会や思想の交錯の過程を整理すると、表8-2のような三段階になる。

（1）狩猟・採集段階——アニミズム社会の同質性

もともと人類は、洋の東西を問わず野生動植物を食料とする狩猟・採集・漁撈の生活を営んできた。そこでは、生きるとは野獣や魚を獲り、果実や木の実、野草を見つけて食べることであった。そうした生活において、人間は動物に対しては、どこでもかなり類似した原初的なかたちで、畏怖、感謝、そして祈りの世界を創り上げていた。いわゆるアニミズムの世界である。そのことは、多くの人類学者や民俗学者によって指摘されている。

（2）中・近世の牧畜や穀作農業の段階へ——東西社会の異質化

しかしやがて、それぞれの気象や地理などの風土条件を反映したかたちで、野生動物の家畜化、野生植物の栽培化が徐々に見られるようになった。そして、その時期は東西で異なるが、狩猟・採集段階から農業社会の形成と定住化へと進んだ。また地域的・風土的な差異を背負った農業生産・生活様式が展開し、それに添った異なる宗教が勃興し、人間中心の、あるいは人も動物もみな同じとする、それぞれの鳥獣観をもつにいたった。

(3) 近・現代の工業化・都市化の段階——東西文明社会の同質性

東西の差異は、産業革命以後の工業化・都市化という近代文明社会展開のなかで、再び相似化・同質化することとなる。日本は明治維新以降、西洋社会に勃興した産業革命と科学技術の発展を受容し、曲折を経ながら、近代社会の潮流の極地点ともいうべき高度成長を遂げ、西洋社会とほぼ均質な社会経済体制のなかにある。高度成長は人々の物的な生活水準を飛躍的に高め、食の内容も変化させた。

また食の内容だけでなく、生産についても高度成長下で畜産業が伸び、当初は使役用家畜の頭数を増やす感覚で始まったが、しだいに大規模化し、大量の輸入飼料を利用する、特異な「工場型畜産」といえる経済効率性を重視する畜産へと展開してきたのである。

しかし他方で、肉食化、飽食化によって、肥満と生活習慣病が広がり、最近は肉の取りすぎから脱却しようとしてさえいる。こうして工業化・都市化の過程は、食生活の内容と農業生産様式の東西の差異を縮め、基本的にほとんど同様の食文化社会を形成しつつある。若い世代ほどその傾向が強く、将来はいっそう接近するであろう。加えて鳥獣害を起点とする、ジビエ利用の動きも、それをうながすであろう。

また人口の爆発、物的欲望の爆発の過程でもあった近代化の歴史は、同時にその極点において、地球温暖化や多くの環境問題を引き起こした。さらに動物たちは、家畜としてあたかも肉や卵の生産機械のように、経済効率を優先した生産方法のなかに巻き込まれ、野生動植物の多くが絶滅の危機に瀕するなど、世界は多くの共通した解決すべき課題に直面している。

動物観の再生と統合

こう見てくると、日本の動物観や自然観は、現在どのような立ち位置にあるかがわかる。

これまで述べたように、西洋は人間中心主義的な長い肉食の歴史の果てに、いま改めて動物たちをいかに位置づけ、どのような扱い方をするのか、人間の権利と同じように動物にも独自の権利があるのではないか、といった考え方が、大きな波のように広がったのである。西洋にもこれまで、動物にも感情があり、もっと愛護し尊重されるべきであるという考え方が、庶民、とくに農業にかかわる人たちには強かった。しかし、これほどの影響力をもってそれが主張されたのは、初めてであったといってよいであろう。

これに比して、東洋とりわけ日本は、肉食も多くした狩猟・採集段階から穀作中心の農業段階へ進み、一〇〇〇年を超える仏教思想の影響によって、人も動植物もみな同じとする、長い歴史を経て近代にいたっている。そして明治以降の肉食化の時代を迎えた。こうした過程を見れば、かつての動物観は消失同然とはいえ、いま必要とされる動植物への理解について、にわかに動物の尊厳を語ろうとする欧米より、はるかに深く長い試練を経てきているといえるのではなかろうか。

欧米発の「動物の権利」論は、古代以来現代にいたる欧米の人間中心的・肉食肯定に対する、いわば内部からの否定であり、東洋・日本の〝伝統〟への接近でもある。他方日本の現実は狩猟採集時代の肉食肯定から、肉食否定の長い時代を経て、西洋と並ぶほどの肉食増大の時代に入っていることから見れば、いままさに伝統にも根ざしつつ、西洋とともに動物たちを大切に考える新たな動物観・自然観を生み出すべき段階にあるといえよう。

こうした経緯から、肉食の肯定と否定のはざまで、曲折を経てきた日本の食と農業の歴史のなかに、今日の人類が直面する課題を解決する新たな方向を見出す重要なヒントが隠されているのではないか、との思いが私にはある。鳥獣害問題という、日常的に動物との葛藤の最前線にある農業者の対応も、目を凝らして見れば、いまだ底流には伝統的な動物観を背負った深い悩みや、新たな思慮と実践があるように思われる。先の表8-2は、そうした動物観、自然観の経緯と交錯の過程を図式化したものである。

これまで食の視界からは動物の姿はほとんど消え、逆に農業の現場では、かつてないほど動物たちが害獣として頻繁に姿を現わしてきた。しかし動物たちは街なかにまで姿を見せるようになり、ジビエの普及ともなれば、日本の農業と農村の現実に対する、国民の理解を得にくい状況を作りだしてきた生産者・消費者間のギャップは、少しずつ埋められていくであろう。そして、動物たちをとらえ食べることの意味を、いまほど問い直し、新たな動物観を創造することを迫られているときはないといいえよう。

ピュタゴラスの思想

第６章で、アリストテレス（前四世紀）が自然を人間―動物―植物―鉱物の階層的構造をもつものとしてとらえ、それが人間中心主義的な西洋の動物観形成の原点となったのではないかと書いた。しかしじつは、東西文明の「分化―再会―融合」とでもいうべき事態を予感させる、歴史的地点があることを、内山勝利が『哲学誕生』のなかで書いている。

同じギリシャのピュタゴラス(前六世紀)は、一方に東洋を特色づける「輪廻転生」の宗教思想をいだき、他方で「数の構成原理が存在の構成原理である」という自然観をもっていたという。

その後、後継者たちの数学研究による世界解釈が展開される。それは「あらゆる〝科学〟は、数量化と数式化によって事象を把握しようとしている限りにおいて、いずれもピュタゴラスの創始した途の上にある」といえる。

ピュタゴラスの思想は、宗教的なものと科学的なものを統合し、自然と人間を統一的にとらえる独自の地平に形成されていたといえよう。そして、ピュタゴラスの輪廻転生の思想は、ギリシャ近辺にあった考え方に影響を受けたもので、それは同時に東方へももたらされたのではないかといわれている。

いわば、ピュタゴラスの自然思想は、東洋・西洋の境に位置するギリシャにおいて、奇しくもその後の東西それぞれの特色ある展開の原点をなすような意味をもち、また再び東西が出会うべき地点を暗示しているようにも見えるのである。

3　新たな動物観への原点

こうして、東洋、西洋は同じ課題を抱え、ともに新たな動物観、自然観を必要とし、求めつつあるといえよう。ただ、両者は風土や食文化の差異、宗教の歴史的な展開過程の違いなどによって、同種の課題を抱えつつも、なお多様で個性的なありようを残していくであろう。それでもなお、その差異を超えて、とりわけ庶民の動物たちに対する心情の最根底には、共通の動物観にいたる原点があるといえるのではないか。

感動と畏敬、祈り、感謝

それについて、私が思い起こすのは卵自給のための庭先養鶏である。一九六〇年ごろまでの農村では、庭先の小屋に一〇〜二〇羽ほどの鶏を、家族が分担しつつ飼育していた。愛玩と産卵を兼ねた雌雄の矮鶏（ちゃぼ）を、放し飼いする家も多かった。それはおそらく、世界中に存在した光景ではなかったかと思う。アフリカや東南アジアの農村に行けば、いまでもすぐに目につく光景である。子どもは水や鶏の好む野草やくず野菜に、砕け米、米ぬか、貝殻片などを加えて与え、苦労しながら鶏をかわいがって育て、卵を産ませる。

子どものころ、鶏があの純白のおいしい卵を産み落とすのは、神秘的・感動的であった。何年かたって卵を産まなくなれば、父親が川岸で「ごめんよ」と言いながら、処理して家族の夕食に供した。家族は「おいしい、おいしい」と言いつつ、鶏やそれを育てた子どもたちに感謝しながら食するのである。

これらはかつての農村ではごくありふれた光景であり、私自身の経験でもある。家族のみんなが、このプロセスのすべてを見ている。そこには撫育(ぶいく)の労苦とともに、人に恵みをもたらす仕組みをもった自然への感動や畏敬、動物のかわいさやそれへのいたわり、かわいがって育てた末に処理することへの「ごめんよ」という一種の祈り、それを食する家族の喜びと感謝、これらのものが渾然一体となって、家族に感得されたのである。この「かわいがって育て—処理し—食べる」というプロセスは、人間の行為・感情としてあまりに落差の大きな過程であり、矛盾に満ちているともいえるが、人間が生存・生活するための、善悪を超えた避けがたい事実である。そしてそれは同時に、自然や動物に対する「感動と畏敬、祈り、感謝」の心のプロセスでもある(『着土の世界』)。

このプロセスは、どうにもならない矛盾の過程であるとともに、〝矛盾の昇華〟ともいうべき心の過程ではないか。こうしたいわば内省と自覚をともなう、矛盾を昇華する心の働きこそ、庶民のなかに息づいてきたものであり、いつの時代も、またいずれの地域においても、動物観の原点となるべきものではないかと考える。人は、このプロセスに自覚的であってこそ、生産者も消費者も真にものを食べることができるのではないか。

私たちが真に動物や自然を理解し、共存・共生していくには、こうした体験による直接的で、心の深部に達する自然の認識と、人間存在への洞察が必要になるのではなかろうか。

感謝と祈りの米作り

農業者は、自覚的であるかどうかは別にして、動物だけでなく、植物にさえこうした心情を注ぐ。それは大戦後の農業を担った滋賀県の農民、樋上(ひのうえ)平一郎の言動にも示されている。樋上は、私の尊敬する農業者の一人である。

一九六六年ころ、一度私の研究室を訪ねてこられた。そのときもらったのが『信念の百姓』で、それは樋上を敬愛する近藤正が、その経営や日常、人柄などを記したものである。一農家について記したものが、わずか二年のあいだに四回も版を重ねたことは珍しく、当時の農業者および農業関係者のあいだで共感を呼んでいたといえよう。

このなかで樋上は、「仏様が教えて下さいました三千年の昔、釈迦如来は世の中の生物はみな仏性を具えていると……さすれば私らは命ある仏様を作る仕事をさせていただいておるのでありますます。そして、その仏様を世の中の人様に差し上げて人様の命を造っておるのでありまます」と述べ、自他の命を支える農業を尊い職業と考え、仏教の教える祈りと感謝の日々を過ごしている。そして「私の着ている着物も、命のあるワタの賜物であり、一日に三度いただく飯も蔬菜・魚・肉すべてが命を私にささげて下さるのであります」とし、「箸とらば命を捧げし者のため　我の生命果し尽さん」と詠んで、感謝の意を表わしている(『信念の百姓』)。

樋上は、一・六ヘクタールの農地を所有し、水稲、麦、ナタネ、豆類、甘藷(かんしょ)、馬鈴薯(ばれいしょ)、野菜を輪作し、和牛、乳牛、豚を各一頭、鶏三〇羽を飼養したが、いずれも決しておろそかにせず、動物の声を聴き、作物の声を聴いて育てたのである。現代の篤農(とくのう)といわれた樋上は、毎朝あぜ道に立って「稲様と話をする」という。

樋上は「木の声を聞いて木を作る　穂の声を聞いて穂を作る　米の声を聞いて米を作る」という。その稲様は、もう少し肥料がほしい、水が足りない、風がきつすぎるなどと、願望や苦痛を語りかけてくる。それによって樋上は、肥料を追加し、雨を心待ちにし、あるいは取水口の板を加減して水量を決める。しかし風の具合まではいかんともしがたく、稲と自分のために風の通り過ぎるのを祈るばかりである(前掲書)。

たとえば、京都北山地域の林業家は、木を伐る際に酒を撒き、「ありがたく木の命をいただく」と言う。安藤昌益や石田梅岩さえ動物までを有情のものとしつつも、植物は無(非)情のものとしたが、人は情を伝えてくる木の声、稲の声を聴くことができるのである。「一切衆生悉有仏性」もここに極まる感がある。

日本で大学教授を務め、野菜作りをするアメリカ人のジェフ・バーグランドは、次のように語っている。

「米国では、食事の前にお祈りをして、神様に感謝します。日本の「いただきます」は、大地や、お天道さまや、雨や、農家の人、料理を作ってくれた人への感謝、そして動植物の命を頂くことへの感謝の気持ちですね。とても深くて、そして分かりやすい。初めて聞いた時、人と食べ物のつながりを感じました。そのころ、米国では、「You are what you eat.(あなたの食べるものがあなたになる)」がはやっていたので、日本の「いただきます」が、とても心に響いたのを覚えています」(『日本農業新聞』二〇一六年四月一七日)。

ここには、これまで繰り返し述べてきた東西の歴史的な差異と現実が、奇しくも端的に語られている。「人は米である」と語った安藤昌益のことも思い起こされる。

体験による学習の意味

食卓から動物の姿が見えにくいことは、野菜でも同様である。ふだん野菜は何気なく食べているが、先に述べた樋上平一郎ほどではないにしても、農業者は米や野菜の声なき声を聴き、大切に育て、消費者に届ける。観光農場などでの収穫体験の機会はあるが、そこでは収穫の喜びはあっても、撫育の労苦まではわからない。

学校農園などで自分たちで育てた野菜を、ふだんはいやがるはずなのに、「おいしい」と笑顔を見せる子どもたちの姿が、時折テレビでも放映される。そこには、植物の育つ不思議さ、楽しさ、育てることのむずかしさ、それを育てて提供してくれる農家への新たな視線が生まれているのではないか。

食の安全、食の大切さ、食を供給する人たちへの眼差し、自然の不思議さ、そうしたことが、体験を通して、少しでも感じとれていくのではないか。地産地消、産消提携などといわれるが、それを支えるのは、こうした互いへの思いやりや自然への共感ではなかろうか。

私たちは「パンと肉の国」に変わったとさえいえる食生活、ジビエ利用が普及しつつある今こそ、一人ひとりが、現代社会の仕組みと現実、その明暗を自覚し、こうした心情を自覚的に取り戻すべきではなかろうか。そこには、人が生かされている場を取り巻く自然の万物に対する認識、そして反省や自制の念が生まれる。

しかしいまの生活環境、住環境では、たとえば養鶏体験などはむずかしい。せめて「食育」として普及している農業体験・調理体験や「地域の自然観察」など、可能な限り食と農業、都市と農村をつなぎ合わせ、広く人間と動物・植物、人間と自然の関係を自覚しうる学習・教育が要請される。私たちの食の営みは、とりわけ庶民のあいだで、東西の差異を超えて、宗教の違いを超えて共有され得るものが多いと思われる。こうした原点に立ち戻ることが必要だと思う。

私たちが生きるということは、多くの矛盾を抱え込むことでもある。今後も繰り返しさまざまな議論がなされるであろうが、先に述べた、動物や自然への感動と畏敬、祈り、感謝という人間・動物関係の原点に、たえず立ち戻りつつ、矛盾を抱え込み、昇華していくほかはない。

私たちが、このような原点に立って、「人と野生鳥獣とが向きあう場と内容」は、どのようなものとして想定されるのであろうか。

第9章　人と動物、共存の場所

——形成均衡の世界へ

1　二つの自然像に学ぶ——動物どうしの関係

本章では、これまで述べてきたことを念頭におきつつ、私なりに、人間と動物の関係の今後のありようについて述べてみたいと思う。

ダーウィンの「競争と淘汰」の自然像——動態的自然観

現在地球上に生息する生物種の数は、わかっているだけでおよそ一七五万種、うち哺乳動物が六〇〇〇種、植物が二七万種といわれている。未確認のものを含めると五〇〇〇万種以上といわれる。これらの生物は長い年月にわたって、盛衰を繰り返している(『平成二〇年版環境循環型社会白書』)。

気の遠くなるような年月とはいえ、そうした生物進化の歴史に初めて本格的に迫ったのが、ラマルクやダーウィンであった。ラマルクは、①生物は単純なものから複雑なものへ変化する、②キリンは高い場所の樹の葉を食べる必要から首が伸び、鳥は空中を飛ぶために羽がついたなどの「用不用説」、③獲得した形質は遺伝する、などの諸説を展開し、その後の進化学の端緒を切り開いた（『ラマルクと進化論』）。そのあとに登場したダーウィンは、種々批判的な見解はあるものの、現代にいたるまで進化学の中心にいる人物である。

ダーウィン（一八〇九〜一八八二年）は、人の増減、その生存を支える食料の増減に言及したマルサスの『人口の原理』（一七九八年）に大きな衝撃と影響を受けたとされる。

ダーウィンは、二二歳のとき、海軍の測量船ビーグル号に博物学者として乗船、南半球をめぐったとき生物の変異と分布に興味をもち、その後『種の起源』（一八五九年）を書いた。そこで、生物社会は自然淘汰（自然選択）によって変異を遂げていく、とする進化論を主張した。自然界は激しい生存競争の世界であり、これに勝って存続していくのは、もっとも有利な変異を獲得した個体であり、種であるという。つまり生存競争が変異の選抜者となり、その結果として適者生存の原理が働き、生物種は現実への適応的形態へと変化していくとする。オランダのド・フリースの突然変異説とダーウィンの自然淘汰説は、長いあいだ進化の基礎原理としてほぼ承認されてきた。

競争と適者生存

ダーウィンは、その主著『種の起源』において、次のように述べている。

「変化する生活条件の下で、生物がその構造のほとんどあらゆる部分で個体差を示すことは議論の余地がない」とし、しかも「幾何級数的に増加するために厳しい生活闘争が、ある年齢、季節、また年に存在することも確かに議論の余地がない」とする。

そして環境の無限の複雑さが、生物の構造、体質、習性などに無限の多様化を引き起こし、彼らにとって有益な変異も多々起こる。その有益な変異に特色づけられた個体こそは、「間違いなく生活闘争において生き残る最良の機会をもつであろう。そして遺伝という強力な原則によって、これらは類似の特質をもった子孫を生み出す傾向をもつであろう。この保存の原則あるいは適者生存を私は『自然淘汰』という」と、手短に彼の中心となる主張を述べている。

自然界においては、種には個体差があり、生き残りをかけた個体間、種間の厳しい生存競争が繰り広げられ、環境に適応できない個体や種は生きていくのに不利であるが、適応できるものは生き残り、その他のいわば弱者は自然淘汰され、適者生存の論理が働くと、ダーウィンはいうのである。

こうして生物は、変異を続けながら長い時間をかけて進化し、新たな種も作られていく。そして「すべての種がその数を増加しようとして絶えず闘争している間は、子孫が多様化すればするほど生活の闘いにおける成功の機会は大きい」とする。自然淘汰の過程は、生物の形質の分岐を導き、改良の少ない中間の生命形態を絶滅に導くという、競争を中心とした自然界の掟を予想しているのである。

資本主義社会は経済人 homo oeconomicus の利己心に基づく自由で合理的な経済行動を基礎として、広く国民の富を増加させると主張する、アダム・スミスの『国富論』が出されたのは一七七六年であった。『種の起源』が出されたのは一八五九年で、ダーウィンの進化論は、資本主義社会の推進にも大きな影響を与えた。自由競争と優勝劣敗を原理とする近代市場社会とも、連動する内容と思想だったのである。

今西錦司の「棲み分け共存」の自然像——静態的自然観

ダーウィンの進化論に対し、正面から批判の矢を放ったのが今西錦司(一九〇二〜一九九二年)である。

今西は少年のころから野山を駆けまわり、生物への興味を膨らませ、農学部で学び、さらに理学部で生物学を専攻した。今西は、生物を蒐集(しゅうしゅう)してその形態などの比較に傾いた分類学を、〝死物の生物学〟と呼ぶ。そして、山野に草を食するバッタの姿を見て、〝生けるものの観察〟によって生物と生物社会の内実を解き明かそうとした。その際、生き物として類縁の関係にある人間の、直観的な「類推」という方法によって、それが可能と判断していた。

今西は、京都の賀茂川のカゲロウの幼虫が、少しずつ形態を異にして四種類存在し、流れの速いところ、遅いところ、ほとんど流れのないところなど、水の流速の異なる石ころのなかで、それぞれ棲み分けていることを実証した。それは「生物的自然の究極的な構成単位である種、具体的な社会単位である種は、いくつかの形態的に相似た種が、相似た生活の場を棲みわけることにより、お互いに相対立しながらも、お互いが相補う立場にたって、もって一つの生活形社会を構成している」ところの「種社会」あるいは「同位社会」である(『生物社会の論理』)。植物でいえば、幼木と成木、木と下草など、棲み分けができているからこそ、同じ場所に見出されるというのだ。

今西は、ダーウィンの進化論との大きな違いを二点指摘する。

「ランダムな突然変異に基礎をおいた進化論は、個体間にはたらく自然淘汰をもってこなければ、理論的に完結しないけれども、方向性をもった突然変異に基礎をおいた進化論は、個体間にはたらく自然淘汰をもってこなくても、それ自身のうちに理論的な完結性をもっている」。

「ランダムな突然変異に基礎をおく進化論というのは、もともと個体の変化から種の起原を、あるいは生物の進化を、説明しようという立場である。これに対して、方向性をもった突然変異に基礎をおいた進化論は、種の変化から種の起原を、あるいは生物の進化を、説明しようとする」。「種とは、環境に適応するため、たえずみずからを作りかえることによって、新しい種にかわってゆく。これが進化であるとすれば、進化とははじめから、種レベルでおこる現象である」(『進化とはなにか』)。

そして「種はそれぞれに、ちがった生活の場を確保し、ちがった生活の場の上に成立している」。言い換えれば「種はお互いに生活の場を棲みわけ habitat segregation ている」という(『生物社会の論理』)。

棲み分け共存する動物たち

こうした棲み分けは、水温の違い、気温の違い、山地などの高度の差、季節の違い、昼夜の違い、発育ステージの違い(幼虫と成虫、幼魚と成魚)など、空間的・時間的にさまざまなかたちが想定できる。生物は互いの生活の時間と場所をずらしながら、それゆえ争いを避けながら分布・共存しているという。それは一種の「均衡理論」であり、均衡が維持されている限り、遷移することなく、定常状態を保つ(前掲書)。

この今西の棲み分け理論は、ダーウィンの生存競争と自然淘汰の理論を真っ向から否定するものと理解されている。今西自身、吉本隆明との対談『ダーウィンを超えて』のなかで、主たる差異である「棲み分け・共存」か「生存競争・自然淘汰」か、「個体の変異」か「方向性を持った種社会の変異(定向進化)」かなどについて、詳細にその内容を語っている。

進化過程の考察をめぐっては、実験的方法いわば自然科学の方法によっては限界があるとし、類推的方法が妥当であるとする立場は認めるとして、「人は立つべくして立ち、歩くべくして歩いた」、「種は変わるべくして変わる」、「自然は変わるべくして変わる」などの自然説明や、哲学的で実証研究が不足していることなどを不満として、今西理論を批判的に見る人も少なくない。

にもかかわらず、私は今西の提起した棲み分け理論の自然把握方法に大きな魅力を感じる。今西は、進化の解明はもともと「自然の斉一性(せいいっせい)」を前提に実証し、説明する科学の力を超えている、「自分の進化論には自らの自然観、人生観が根底にある」(『ダーウィンを超えて』)とし、人にはそれぞれの自然観があってよいなどと語っている。

また今西の棲み分け・共存的な自然観は、ダーウィンの理論が近代市場社会の競争的で経済合理主義的な思想に大きな影響を与えたように、第二次大戦後の社会に平和共存的な世界を想定する思想として広く迎えられた点でも、ダーウィンの思想のありように類似したものがある。

2　形成均衡の場所へ――人間と動物の関係

棲み分けから生存競争の場へ

前に述べたように、ダーウィンと今西錦司のあいだには、大きな溝があり、まったく対立的な理論展開があるといってよい。しかし、私がこの本を書くきっかけとなった、鳥獣害問題というかたちでの人間と動物たちの出会いの場の現実を観察し、その状況をダーウィンと今西の自然像に当てはめて考えてみようとしたときに、いずれの立場をとっても説明しきれないのである。

両者はいずれも動物どうしの関係、植物どうしの関係や動物と植物の関係にかかわる生物と生物の関係の考察であり、人間と動物の関係とは異なる。

かつては、動物たちと人間とのテリトリーが区分けされ、ときどきクマやタヌキ、イノシシやシカなどが現われて害を及ぼしたとしても、人々の許容範囲であり、被害が常態化することはなかった。もし作物に一度味をしめて、里に現われて大きな害を及ぼすようになった場合は、村人が協力して捕獲・処分してきた。

そうした緊張と小競りあいをともないながら保たれる日常の平穏は、人間と動物がそれぞれの領分を守り、比較的安定した関係のなかで共存している姿といえるだろう。そうした状態も、いわば今西錦司のいう棲み分けの場所であったといってよいであろう。

だがそこではいま、害獣化する野生動物と日々競争・対決する場面が日常となっている。そして人間は手工業、そして近代工業を発展させ、何といっても高度の科学技術と圧倒的な力をもつにいたっている。もし野生動物たちの跳梁(ちょうりょう)が激しくなり、人間生活が脅かされれば、人間は銃や薬物あるいはさまざまな仕掛けを使って、農作物をあさるシカやイノシシ、あるいは人や家畜を襲うクマやオオカミを捕殺することで、まずはわが身を守ろうとするであろう。その気になれば害獣を絶滅させることも簡単だ。

しかし人は生物の一つの種にすぎないとはいえ、一般動物よりも多くの知識や理性をもち、自覚的な道徳感情に富み、とりわけ人生観や自然観などの〝思想をもつ存在〞である。人間の一方的な、自然を征服するという欲望を自制し、生物多様性を保つことは、生態環境の安定、人間生活の豊かさにとっても、重要な条件と認識されるようになっている。

ダーウィンと今西のはざま

このように考えてくると、人間と動物、とりわけ害獣との関係は、単なる動物対動物との競争・対立関係でもなく、また単なる自然発生的な棲み分け・共存関係でもない。それらを超えた地点において、人は理性や思想を背負いつつ、新たな〝調整され形成された均衡点〟となる中間領域を設定しなければならないと思う。そのとき初めて、鳥獣害問題に対応することができるのではなかろうか。

野生動物には、サルとかシカとか特定の種の内部の、互いに助けあうという相互利他性に基づく、一種の道徳感情があると一般に認められるようになっている。しかし、種間の相互利他性を総合的・自覚的に認識しうるのは、人間のより高度の理性的な能力と思われる。そこに人間の意図的・構想的な共存の場が想定可能である。

私の考えでは、ダーウィンにしても今西にしても、生物と生物の息の長い進化をめぐる関係を、前者はより動態的に、後者はより静態的に理解しようとするものであり、いずれも事態の一面を強調したものだとはいえないか。少なくとも鳥獣害問題という、いまここに繰り広げられている人間と動物の関係は、一方だけでは十分に説明できないものとなる。そこには、現実のめまぐるしい変化があり、人間の特性が入り込んでくるからだ。

このような視点から、改めてダーウィンと今西の著作を読み込んでみると、両者のあいだには共通点もあることに気づくのである。今西がダーウィンとの違いを強調すればするほど、かえって両者の接点も浮かび上がってくるように思われる。それは一種の中間領域ともいうべきものである。

補完しあう二つの自然像

ダーウィンは競争、自然淘汰、適者生存などの概念で、優勝劣敗の生物界の姿を描き出した。それはきわめて長期的でゆるやかなものだが、生物世界の進化・変容の動態的な過程を解明しようとするものであったといえよう。これに対し、今西は、棲み分け、共存、種社会などをかかげて、共存しつつ反復され均衡状態にある生物世界の姿態を描こうとした。いわば長期的には変容してやまない生物社会の短期的、一時的、静止的な姿、つまり「静態的」な構造をとらえようとしたものといってよい。

だが今西自身が、「ダーウィンも棲みわけという事実は知っていたけれど、どうしてこのような事実が生まれてきたかということの、説明はできなかった」(『ダーウィンを超えて』)と語っている。それはどのようなことであろうか。

ダーウィンは、進化による変容の過程は、気の遠くなるような時間を要する「漸次的移行」

であるとし、また「各地域のすべての棲息者は見事に均衡を保った力で互いに闘争している」こと、また競争・闘争・淘汰の起点にあるのは、「巧みに釣り合った天秤」だ（『種の起源』）などと記述していることから、自然の調節機能、自然の均衡、一種の自然の安定性をも十分認識していたといってよいであろう。

今西は、自然の自己調節機能について、「〔自分のニュアンスとは少し違うが、〕ダーウィンもそこのところを、バランス・オブ・ネーチュア――自然均衡という言葉で表現している」（『ダーウィンを超えて』）といっているのである。

他方、今西は、「社会とは、つねにその内部に、それを構成するもののあいだに、コムペティションとコオパレーションという、一見相矛盾した作用をはたらかせつつ、それを介してなりたった、一つの構造であり、動的均衡体系である。……一つ一つの同位社会も、また種の社会として、これを構成する個体相互のあいだには、コムペティションとコオパレーションとがある。かれらはお互いに対立的であるとともに相補的でもあらねばならぬ」（『生物社会の論理』）とも述べている。それは同種の個体間の競争を前提とする言葉だが、種間の棲み分けが、単に静態的かつ静止的なものではなく、競争・協調しながら成立している〝動的均衡体系〟だとしているといってよい。

自然均衡と形成均衡

しかし高度な技術と力をもち、巨大な生産・消費機構を形成した人間と動物のあいだに成立すべき均衡は、先の生物と生物の自然均衡とは異なり、もはや人間の理性と叡智に基づき、自然をトータルに考慮に入れ、自覚的に構想され形成された折りあいの場、すなわち形成均衡の世界でなければならない。

このように見てくれば、ダーウィンと今西の距離は縮まり、動態と静態は一つのものの表裏を示すものとなる。両者は「生物と生物の関係」について、一つのものの二側面をそれぞれに語り、強調しているともいえる。ダーウィンは、その接点を、いまだ十分に解明されていない領域として語り、今西はダーウィンと自分の違いを語るに急であったと言ってよい。

だが、じつはその接点に、「人間と動物たちとの関係」を解く鍵が隠されている、と私は考える。形成均衡の世界(場所)は、まさにこの地点に、人間の思想と理性を介して成立するものであり、ここで初めて、鳥獣害問題をめぐる人間と動物たちとの関係を統一的に説明することができると思うからである。

こうして人間―動物関係の場合には、人間の側からだが、そのあいだに折りあいをつけることができれば、そこはまさに構想され、形成された均衡の場所となるのである。ここには、怖れながらもやむを得ない、自然を管理するという思想が入り込んでいる。

形成均衡の場所

農業生産という観点からみた人間と動物との関係は、三つに分類できよう。第一に、牛や馬のように育成利用の対象として、相互依存的な共生関係を結ぶという「家畜」という関係、第二に、農業生産空間や生活空間に侵入して害を及ぼすシカやイノシシなどのように、相互排除的な競争関係、第三に、益とも害ともならない、野生(一般)動物との棲み分け的な共存関係である。

しかし現実には、三つの関係は、複雑に絡みあっている。同じ動物でも、かわいく愛しい対象となることもあれば、害を受ければ落胆して憎しみの対象ともなり、また別の機会には、詩歌の対象となる自然界の友でもある。人にとって、それらの感情は入りまじり、交錯する。その背後には、人の生産活動、人間特有の理性や道徳、愛情や憎しみ、宗教や思想が見え隠れする。このような感情の交錯がなければ、人は銃器や仕掛けで害となる動物をこともなげに殺して済ませ、悩むこともない。害獣をとらえるには、それなりの論理と決断が必要だ。鳥獣害が深刻化するのを、いかなる出来事としてとらえるか、また日々対応を迫られるなか、どのような考え方をもって実際に動物と向きあうのか。

私たちはしばしば、安易に自然との「共生」、「共存」を語る。しかしそれは簡単なことではない。私は農業の現場を訪れるにつけ、共生・共存とは、厳しい自然との闘いと迷いの果てにこそ訪れる、光明の世界だと思うのである。矛盾するものは同じ場所に置いてこそ、矛盾の本質を露(あら)わにし、解決への道筋が示される。私は「形成均衡の世界(場)」を構想し、矛盾と混沌のなかから、よりよい共存関係を生み出し、新たな均衡の場所に棲まいあうという「共棲」の場所を見出したいと思う。

これらは、中国山地の有井晴之の鳥獣との闘い、北海道のエゾシカ害問題など農業生産活動の現場に現われた状況をつぶさにし、他方で動物たちどうしの基本的な関係を描き出したダーウィンや今西錦司の自然像に学びつつ、たどり着いたものである。

以上のような考え方を、わかりやすく表現すれば、図9-1のようになる。

いま人間の主な生活空間をAとし、動物たちの主な生活空間をBとする。そのうち、aは、人と家畜やペットなどとの共生空間である。bは、野生害獣が侵入した場合、排除することとなる競争空間である。cは、野生獣のある程度の侵入や被害をやむを得ないとする侵入許容空間である。dは、動物の生活を中心としながらも、人もそこで林業を営む。cとdは共存空間といえよう。このような状態を保つとき、その全体を形成均衡の場所（世界）と呼ぶ。鳥獣害問題は競争空間での人間と動物のせめぎあいであるが、こうして人間と動物の折りあいをつけると、双方の生存・生活の持続性が保証される。

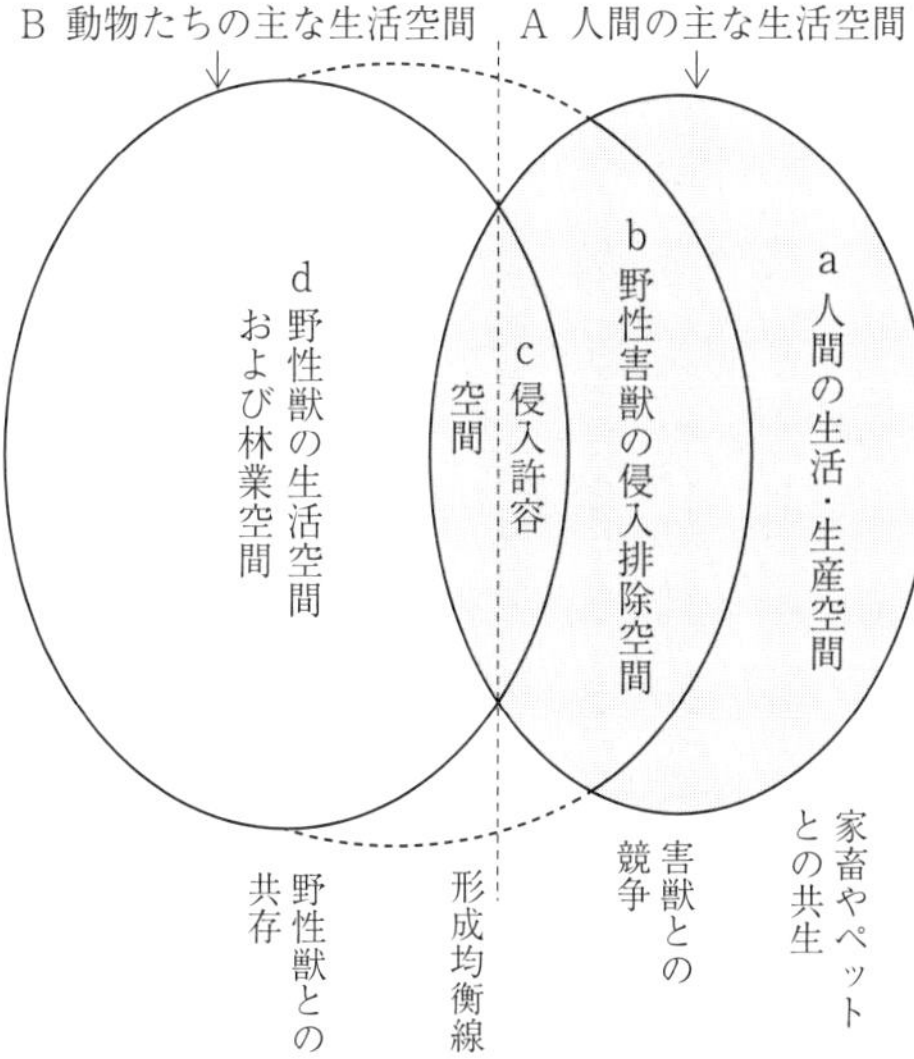

B 動物たちの主な生活空間
A 人間の主な生活空間
a 人間の生活・生産空間
b 野性害獣の侵入排除空間
c 侵入許容空間
d 野性獣の生活空間および林業空間
家畜やペットとの共生
害獣との競争
形成均衡線
野性獣との共存

図 9-1　形成均衡の場所における人間―動物関係（筆者作成）

それを支えるところの形成均衡線は、人間の思想、理性のありようを明示している。侵入許容空間を残すという意味では、競争は消えたわけではなく、また截然（さいぜん）と分離された共存でもない。頭数管理は、被害許容水準を上限とし、動物の持続的な生存水準を下限として、そのあいだに設定される。そこはまさに共生、競争、共存の統合された場所である。また後に触れるが、それは

「動(植)物たちの声なき声を聴く」こと、自然に対する謙虚な態度に支えられたものであることが必要だ。

このような形成均衡の場所を、「共棲の場所」とも呼びたいと思う。

3 保護・管理の方向と限界

とりわけ農業生産の現場では、野生獣による害という切実な現実問題がある。それはもはや自然の「管理(management)」という、一生物にすぎない人間にとっては、まことにおこがましい領域に手を染めなければならない段階に達していると書いたが、それを容認するなら、そのための考え方と限界とを、自覚的に認識したうえのことでなければならない。

人間の圧倒的な力

ダーウィンは人間と動物には基本的に違いはなく、あっても程度の問題にすぎないとしたが、ディープ・エコロジーもそれを強調した。しかしよく考えてみれば、人間と動物は生物として同等といっても、その差異はなお大きいことも確かである。

一方的かつ断定的に、動物は機械だとするデカルトに与(くみ)することはないとしても、また動物に対する差別的な思考を取らないとしても、人間は複雑な言語をもち、経験し獲得したものを蓄積していく文字や記号を発明し、いまや圧倒的な技術を獲得している。猛スピードで空を飛び、地を走り、山をも動かすダイナマイトやブルドーザーをもつ。地球のどこにでも瞬時に情報を送り、宇宙の星に飛んで情報を集める。あるいはみずからをも滅亡させかねない核兵器をもつ。むろん害獣を撃つ銃をもち、その気になればどんな動物たちも、あっという間に絶滅させる力をもっている。

このような、人間という生き物と動物たちを、どこまでも同一というわけにはいかない。いまや両者の差異はますます拡大し、人間は巨大な力を手に入れている。ひとたび人間が暴発したときには、手のつけられない結果を招くことになる。もはや、動物は人間と基本的に同じという原点を確認したうえで、人と動物の現実的な差異を語らないわけにはいかない。

また人間は、ものごとの原因と結果を総括して判断し、みずからの所業を反省し行動するという〝思想性〟に富む存在である。動物たちの意図する行動や感情を類推し、愛おしみ、気遣う情念をもつ存在でもある。だからこそ、野獣の侵害を憎みつつも、もはやそれを絶滅させることはないし、過度に追い詰めることもない。たとえ専門的な生態学の知識のない一般の人たちでも、いや一般の人たちだからこそ、害を及ぼすサルを「あれも土地のもんだから」とか、「シカやイノシシも生きていかなきゃならんから」などというのである。

北海道のエゾシカと農業経営の関係を構築する過程で見られたように(第5章)、みずからの生活と被害の程度を見極めながら、動物たちと折りあいをつけ、棲み分けるため、農業空間や林業空間に過度に害を及ぼさない仕掛けを考案し、それでもやむなく全体の頭数管理をおこなうという、日本でもっとも体系的な「保護・管理」の構想が北海道で具体化された。シカと人間の長い歴史を踏まえたこの地域の方向は、なお議論は残るが、ほぼ社会的に承認されてきている。

形成均衡の場所というべき、こうした考え方による以外、とりわけ農林業における鳥獣害の現実から見た場合、もはや人と動物の関係を適切に維持する方法はないように思われる。

「怖れながらの管理」

だが、人が動物数を制御し、自然を管理するなど、まことにおこがましいことであるのはいうまでもない。アメリカの植物学者ミューアは、一九世紀末から原生自然の価値を訴えた自然保護の先駆者とされるが、彼は人間が自然の統治者ではありえず、生態系共同体の一員でしかないことを強調した。西洋的な人間中心主義を批判し、野生の動物や植物、そして岩石にいたるまで、すべての自然は人間のために存在するのではなく、それ自身のために存在するとして、環境それ自体に価値があるという生態中心的な環境倫理論の先駆となった。

しかし二〇世紀の初頭、若い日に森林官を務めたレオポルドは、ミューアと同じ共同体の思想に立ちながらも、人間の力が強大になり、自然に大きくかかわるようになったいま、土壌、水、植物、動物など、地域のすべての自然物が全体として適切に結合されるよう、人はその管理者としての役割を果たさざるを得ない、との考えを示した。そこには、地域生活、エコ・ユニット(一つのまとまりをもった生態環境)の個性的諸条件に配慮する「土地倫理(land ethics)」という概念が貫かれている。また彼は、経済偏重の科学的な農業、自然略奪的な農業は疑問であるとし、生物の本性を生かす農業に希望を託している。人間は単に地球の使用権が与えられているだけで、自然の濫用は許されていないとする環境倫理を説いたマーシュの影響も受け、自然の管理にあたっての人間の高い倫理性と知性に期待している。総じて人間と地域自然総体のバランスを重視しているといえよう(『野生のうたが聞こえる』)。

このようにすでに一〇〇年前に、西洋の人間中心主義を批判しつつ、近代経済社会が自然を破壊しているとし、もはや人間の理性にかけて自然の管理に手を染めざるを得ないとする考え方が生まれていたのである。

　こうして、人間は動物と同根だが、大きな違いがあることも明らかであり、それを自覚的に見定め、折りあえる地点を見出し、形成均衡の場所を創り、人間と野生獣とが適切に棲み分け共存していくことが必要だと考える。そこは構想され創造された〝生命共同体〟の場所であるといってもよい。それは思想、理性、情の融合する場所、哲学、科学、宗教のゆるやかに統合された世界と言い換えてもよいかもしれない。

　だがそのような一種のユートピアが、人間の自然管理で可能だと、軽々しく考えるのは、あまりにも傲慢（ごうまん）というものであろう。人間の自然管理は、人間があまりに自然を蚕食（さんしょく）し、ますます技術力を高めて、そのまま突き進みかねないというおそれから、みずからの反省をうながして独走を押しとどめ限界づけようとする、あくまで消去法的なやむを得ない手段にすぎない。まして今日の世界は、反省どころか大競争時代に入り、どうにも止まらない状況にある。また、自然は複雑系そのもので、人間はまだ自然の内実を十分に知らないし、その解明もほんの入り口に立っているだけといってよい。そして今後も、自然のすべてを知ることなど不可能であろう。

　繰り返すことになるが、こうした限界を認識しつつ、動物や植物の「声なき声を聴き」、「感動と畏敬、祈り、感謝」に裏打ちされた、謙虚な「怖れながらの管理」、動物たちや自然全体への対処が求められると、私は考える。

東西ともに、同時代の民として

さらに知っておかなければならないのは、しばしば使われてきた「地球に優しい」という言い方のなかにある〝欺瞞性〟である。地球は気の遠くなるような歴史のなかで、無数の火山が噴き出す灼熱の時代もあれば、あらゆる生物の存在を許さないような氷河期もあった。二度や三度の温度差の変化など、地球自身の歴史にとっては変化に値しない。地球は人間に何も期待しないし、少々の変化も何事でもない。地球はただそれ自身の歴史を刻んできたのである。変化が問題だというのは、人間の生活・生命自体にとって問題であるにすぎない。「地球に優しい」などとは、人間を中心に考えた言い方でまことにおこがましいことだと思うのである。後に述べるように、わずか〇・八五度の地球温暖化が北極海などの氷の融解を急速に進め、気流の流れを変え、海水温とその流れを変え、人間生活に大きな被害をもたらしつつある。

私たちには、私たち自身の現実への反省と、共に生きる多くの生命体への思いを重ねる以外に、未来はないのである。管理といっても、まずはそれぞれの生活圏において、経済、生活、生態環境などの諸側面を適正に統合し、欲望を自制し、持続的な地域を確立すること、そうした地域が世界的に連鎖するときにのみ、人間と生物にとって棲みよい地球があるというにすぎない。

そして私がその可能性を見たいのは、日常的な生活世界に生きる庶民の経験知の蓄積である。私は先に、日本庶民の動植物をも対等にみる「草木国土悉皆成仏」という伝統的な動物観、自然観は、明治以降とくに戦後の高度成長下において、「米と魚」から「パンと肉」へ転換する過程で、事実上消失してしまったのではないかと述べた。しかし前の章で述べた樋上平一郎の〝稲様と話をする米作り〟、中国山地の有井晴之に続く人たちが建てた〝鳥獣慈命碑〟、北海道の畜産農家の〝畜魂〟と書かれた碑などに見るように、直接、動植物や自然総体と向きあう人々は、なおその痕跡(こんせき)を残している。

そしてデカルトがどのように定義しようとも、すでに述べたように西洋の農業者もまた、牛や馬などの動物が情感をもたないなどと、まったく思っていないし、動物をいたわりかわいがっていることも疑いがない。西洋も日本も直接動物に接する一般庶民のレベルでは、動物たちへの感情にあまり変わりがないように思われる。

西洋の民も東洋の民も、そしていまや世界の民も、経済合理性を至上とする市場社会において、効率化・組織化されてはいるが、是正すべき多くの「市場の失敗」を抱え込んだ社会に、同時代の民として生きている。これまで述べたように、「感動と畏敬、祈り、感謝」の念をもって動物たちと向きあい、私たちの「怖れながらの管理」によって、人に害を及ぼす野生獣を含む動物たちと折りあい、「形成均衡の場所」、持続性に富んだ人と動物の「共存・共棲の場所」を創出する必要がある。そこでは、互いの差異、多様性を認めあいながら、歴史的に対照性を色濃く示してきた東西の動物観、自然観を、いまこそ止揚し、「感動と畏敬、祈り、感謝」の念を原点として、大筋において同じ方向性をもつ共存・共棲の理念を共有し、動物たちとともに生きていくことではなかろうか。

4　「人間と動物」から「人間と自然」へ——共棲の場所は守れるか

さて、本書が直接に課題としたところは、以上で述べ終えた。しかしいま、それぞれの地域で人と動物の共存・共棲の場所づくりが進むとして、それを大きく包み込む地球規模の自然ないしは自然総体のありようについて、いま少し触れておかなければならない。人といい、動物といい、現在の温暖化など地球環境問題の行方によっては、もろともにその豊かな共棲の場所を失ってしまうかもしれない。鳥獣害対策として許容されるとした「形成均衡」の考え方は、人間活動全体に押し広げられることが必要ではないかと考える。

危機を伝える「IPCC第五次評価報告書」

二〇一四年に公表された、「気候変動に関する政府間パネル（IPCC）第五次評価報告書」には、あまりに衝撃的な予想が示されていた。

最近、私たちの周辺では集中豪雨と土砂流出、地震、洪水や津波、台風、竜巻、熱波と干ばつ、北極の氷山の急速な融解と海水面の上昇、水質の悪化と「水戦争」、生態系の攪乱（かくらん）など、あげればきりのないほど、その規模や頻度において目だった気象上の変化と災害が起こっている。そのことは、誰でも気づいているところであろう。その際の犠牲者も、ときには数万人という大規模なものとなっている。それは森林開発や農地拡大、化石燃料を使っての工業発展による二酸化炭素排出量とその累積によるもので、先の変化の過半は人為的な要因からであるとする報告書である。

一八八〇年以降約一三〇年余りの、わずか〇・八五度の気温上昇が、これほどの状況を生み出すことに驚かされる。これだけの事実を前にしながら、どうにも止まらない人間の限りない欲望に切なさ、愚かさ、空しさを感じる。このままでは今世紀末に五度近い気温上昇が予想されるという。

早速、アメリカ海洋大気局は、二〇一五年三月の世界の大気中の二酸化炭素平均濃度が、測定開始後初めて危険水域の四〇〇ｐｐｍ超に達したと警告している（『日本経済新聞』二〇一五年五月七日）。またアメリカ航空宇宙局は、世界の平均気温は二〇一六年上半期に、観測史上最高値を記録し、北極海の氷域が最小となったと報じ、温暖化の急激な進展に懸念を示している（時事通信社、二〇一六年七月二〇日）。

むろんこうした現実はわかっていることであるから、温暖化対策技術の開発も進む。新エネルギーの開発も急がれている。優れた技術革新で、環境保全と成長とは両立するとの意見も出されるが、このような現実を見れば、可能性は小さいか、あるいは遠い道のりであろう。

二〇一五年末フランスでのＣＯＰ21（第二一回国連気候変動枠組み条約締約国会議）では、海面上昇で水没の始まった小さな国の切実な訴えに押され、「産業革命前からの気温上昇を二度未満に抑えることを目標とし、できれば一・五度未満に向けて努力する」との合意に達した。しかし全体としては、温暖化の縮小や現状維持には程遠く、ＩＰＣＣの予測では、今後三〇年のあいだに二度未満の達成は不可能だと考えられている。

すでに環境問題は後がなく、いまや可能性ではなく、現実として具体化されねばならない段階だ。そこで出てきたのが、やむなき温暖化への「適応」という概念で、いわば敗北思想の出現である。努力しても二度未満さえ達成されそうもないから、それに適応し、生存のための別の対策を取ろう、というものである。

食料生産や漁業においても、立地の変動や生産量の不安定化、従来品種の不適応、魚種海域の変化などさまざまな影響が予想され、すでに農林水産省の試験研究機関や先進的農業者は、気温変化への「適応」に向けた研究を開始している。食料は、「相対的必需品」としての工業製品と違い、一日も欠かせない「絶対的必需品」(『現代日本の農業観』)で、そのときにいたって慌てふためくわけにいかないからである。

適応の限界は四度とされているが、それも不確かなことである。わずか〇・八五度の気温上昇で前に述べたような事態が起こっているのだから、仮に二度上昇し、それを容認せざるを得ないとなれば、その二度は現状(〇・八五度上昇)を二・四倍も上回り、一・五度に抑えたとしても、一・八倍も上回る。それだけリスクが高まり、さらに複合化され、増幅された重大な事態も想定される。二一世紀前半は、人類の存亡をかけた方向模索のときとなるであろう。

「適応」概念への不安

以上のように、私たちはもはや後のない地球温暖化問題を抱えているにもかかわらず、展望は十分に開けず、決議の行方も不透明である。すでに、二度程度の上昇はやむなしを前提に、日本も含めた各国は「温暖化への適応計画」を相次いで出している状況だ。人間と動物どころか、それを包む自然総体の状況はあまりにも切迫しているのである。

問題はやはり、人間の限りない欲望の膨張と発展志向、そしてその欲望と技術の統御が不可能となった人間の非力、それが目の前にある現実だ。それがもたらす無秩序で暴力的な自然破壊は続くのではないか。まさに「人は〝とめどない〟砂漠の建設者」になってしまうのであろうか。

ここでもまた、いまだ未知の世界といってもよい遠大なる自然の深みに立ち入って、ともかくもその悪化を食い止めるための管理が不可欠だという状況がある。人間と動物のあいだに、人間がその理性や思想にかけて、共存し、棲み分けるための適正な均衡点を見出すという「形成均衡の世界」の構想が、鳥獣害の解決に関してだけでなく、まさに人間と自然総体のあいだにこそ、まず構想されなければならないということになる。

だが、その前に立ちふさがるのは、どうにも止まらない人間の欲望の膨張そのものである。

いまこそ、人間的〝理性〟を喚起し奮い立たせて、みずからの欲望そのものをコントロールできるのかどうか、という本質的課題に直面しているのではないか。「自然の管理」は、じつは「人間の自己管理」、「人間の欲望管理」へと帰結していく問題なのである。

「少欲知足」の自覚——管理とは人間の自制

W・リースは、環境問題、地域格差や貧富の格差、都市・農村問題など、さまざまな〝市場の失敗〟を生み出す市場経済の暗面を克服するには、私たちの内なる〝幸福感〟のありようの転換が必要だと主張する(『満足の限界』)。というのは、成長を旗印とし、ひたすら経済的幸福を追い求めるという経済の魔性に囚われた現実から抜け出すことが、いまこそ必要であるからだ。「経済的幸福」は、「過去的幸福」であり、人間にとって、「部分的幸福」にすぎない。それよりも、私たちの幸福感の幅を広げ、ゆとりのある高い〝生活の質〟をもった、よりトータルな満足と幸福をめざすべきだとする。いわば雪だるまのように、加速度的に膨張してやまない物的な欲望を自覚して限定することといえよう。

それは、東洋あるいは日本に伝統的な言い方をすれば、「少欲知足」への道でもある。殺生戒はとても守りきれない戒めであったが、一方では、膨らむ欲望に歯止めをかけ、食する私たちを謙虚な生の世界にとどまらせてきたといえよう。

歯止めというものがなくなれば、人はしばしば暴走する。工業生産物に関してはもちろんだが、農業についても途上国を含む七〇億人の、さらには九〇億人まで増加すると予想される人類が肉食や美食、いわば〝爆食〟へと進むであろう。それを支えるための人間活動が、さらなる自然抑圧、地球温暖化へと直結していく。膨張する肉生産には、当然のことながら広大な草地や飼料用穀物確保のための農地の拡張が必要となる。現在もアマゾン川流域やアフリカをはじめ、世界の森林は毎年およそ五〇〇万ヘクタール(日本の国土三七七八万ヘクタールの約七分の一)が減少しているといわれる(環境省資料)。

有限な地球の資源を守り、もはや後のない環境破壊や地球温暖化を防ぐには、食の欲望、物をもつ欲望の暴走に歯止めをかけ、できれば欲望を限定し、自制して、少欲知足の世界に生きることも必要ではなかろうか。

私は、環境問題は世界規模ではもちろんだが、むしろ日常生活圏、生態環境のユニットをなし、互いに顔の見える関係である各地域社会においてもっともよく解決可能ではないかと考える。各地域で持続性の高い社会が形成され、それが世界的規模で連鎖されるとき、真に地球環境問題の解決が見通せるのではないかと考える。

しかし経済の国際化は加速し、貿易自由化は急ぎ足に進み、物も人も大規模に移動する流動社会の方向は、もはや止めようもなく、むしろ多様な個性に満ち、「場所性」に彩られた生活世界の動きを踏みつぶし、地域社会を解体してしまう大きな力として作用しているようにも見える。まことに悩み深く、困難に満ちた現実ではある。二一世紀前半期は、人類の真の英知が試されることになるであろう。

岩波新書/最新刊から

1607 **中国近代の思想文化史** 坂元ひろ子 著

儒教世界と西洋知の接続に命運を懸けた激動期中国の知性の軌跡を、進化論や民族論、革命論争が花開いた貴重な資料群から読み解く。

1608 **ヴェネツィア** ――美の都の一千年 宮下規久朗 著

「アドリア海の女王」と呼ばれたヴェネツィアは、都市全体が美術の宝庫。絵画や建築を切り口に、その歴史と魅力を存分に紹介する。

1609 **自由民権運動** ――〈デモクラシー〉の夢と挫折 松沢裕作 著

維新後、各地で生まれた民権結社。新しい社会を自らの手で築く理想は、なぜ挫折に終わったのか。明治の民衆たちの苦闘を描く。

1611 **科学者と戦争** 池内了 著

「デュアルユース」の名の下に急速に進む科学の軍事化。悲惨な戦争への反省を忘れた科学者たちの社会的責任をきびしく問う。

1582 **分裂から天下統一へ** シリーズ 日本中世史④ 村井章介 著

大名どうしが争いあう「分裂」の時代から、天下統一へ。世界史的な文脈、大きな枠組みから「日本」をとらえかえす、必読の一書。

1612 **古代出雲を歩く** 平野芳英 著

「神話と祭祀のくに」出雲には、古代の息吹を伝えるリアルもあふれる。石神、藁蛇、神社の数々。四地域を歩き、古代世界にひたる。

1613 **孫文** ――近代化の岐路―― 深町英夫 著

民主と独裁という相矛盾するかに見える二本の道がやがて出会い一つとなる――ヤヌス神のごとき相貌を示した孫文の思想と生涯。

1614 **ルポ看護の質** ――患者の命は守られるのか―― 小林美希 著

まるで「人間の整備工場」と化す病院……。看護の最前線で、何が起こっているのか。悲鳴を上げる現場からの生々しいレポート。

(2016. 8)

岩波新書/最新刊から

1604 風土記の世界 三浦佑之 著
風土記は古代を知る、何でもありの宝箱。ヤマトタケルを天皇として描く常陸国、独自の国意識の現れる出雲国など、謎と魅力に迫る。

1581 室町幕府と地方の社会 シリーズ 日本中世史③ 榎原雅治 著
足利尊氏はなぜ鎌倉幕府の打倒に動いたのか。その後の公武一体の政治や、村々の暮らしとは。応仁の乱へと至る室町時代の全体像。

1605 新しい幸福論 橘木俊詔 著
深刻化する格差、続く低成長時代。税、社会保障などの問題点を指摘しつつ、経済学だけでなく、哲学、心理学などの視点からも提言。

1606 憲法と政治 青井未帆 著
安保・外交政策の転換、「改憲機運」の高まりに抗し、憲法で政治を縛るために課題の原点から考えぬく。若手憲法学者による警世の書。

1607 中国近代の思想文化史 坂元ひろ子 著
儒教世界と西洋知の接続に命運を懸けた激動期中国の知性の軌跡を、進化論や民族論、革命論争が花開いた貴重な資料群から読み解く。

1608 ヴェネツィア 美の都の一千年 宮下規久朗 著
「アドリア海の女王」と呼ばれたヴェネツィアは、都市全体が美術の宝庫。絵画や建築を切り口に、その歴史と魅力を存分に紹介する。

1609 自由民権運動 〈デモクラシー〉の夢と挫折 松沢裕作 著
維新後、各地で生まれた民権結社。新しい社会を自らの手で築く理想は、なぜ挫折に終わったのか。明治の民衆たちの苦闘を描く。

1611 科学者と戦争 池内了 著
「デュアルユース」の名の下に急速に進む科学の軍事化。悲惨な戦争への反省を忘れた科学者たちの社会的責任をきびしく問う。

(2016.7)

岩波新書より

ああダンプ街道　佐久間充
山が消えた 残土・産廃戦争　佐久間充
少年犯罪と向きあう　石井小夜子
自白の心理学　浜田寿美男
原発事故はなぜくりかえすのか　高木仁三郎
プルトニウムの恐怖　高木仁三郎
能力主義と企業社会　熊沢誠
証言 水俣病　栗原彬編
コンクリートが危ない　小林一輔
東京国税局査察部　立石勝規
バリアフリーをつくる　光野有次
ドキュメント屠場　鎌田慧
現代社会と教育　堀尾輝久
原発事故を問う　七沢潔
災害救援　野田正彰
ボランティア もうひとつの情報社会　金子郁容
スパイの世界　中薗英助
都市開発を考える　大野輝之　レイコ・ハベ・エバンス

ディズニーランドという聖地　能登路雅子
原発はなぜ危険か　田中三彦
世直しの倫理と論理 上・下　小田実
異邦人は君ヶ代丸に乗って　金賛汀
読書と社会科学　内田義彦
資本論の世界　内田義彦
社会認識の歩み　内田義彦
科学文明に未来はあるか　野坂昭如編著
働くことの意味　清水正徳
一九六〇年五月一九日　日高六郎編
暗い谷間の労働運動　大河内一男
住宅貧乏物語　早川和男
食品を見わける　磯部晶策
社会科学における人間　大塚久雄
社会科学の方法　大塚久雄
農の情景　杉浦明平
ルポルタージュ 台風十三号始末記　杉浦明平
日本人とすまい　上田篤
自動車の社会的費用　宇沢弘文

「成田」とは何か　宇沢弘文
戦没農民兵士の手紙　岩手県農村文化懇談会編
ものいわぬ農民　大牟羅良
死の灰と闘う科学者　三宅泰雄
ユダヤ人　J-P・サルトル　安堂信也訳

岩波新書より

社会

書名	著者
戦争と検閲 石川達三を読み直す	河原理子
生きて帰ってきた男	小熊英二
地域に希望あり	大江正章
地域の力	大江正章
遺骨 戦没者三一〇万人の戦後史	栗原俊雄
フォト・ストーリー 沖縄の70年	石川文洋
ルポ 保育崩壊	小林美希
アホウドリを追った日本人	平岡昭利
朝鮮と日本に生きる	金時鐘
被災弱者	岡田広行
農山村は消滅しない	小田切徳美
復興〈災害〉	塩崎賢明
「働くこと」を問い直す	山崎憲
原発と大津波 警告を葬った人々	添田孝史
縮小都市の挑戦	矢作弘
福島原発事故 被災者支援政策の欺瞞	日野行介
日本の年金	駒村康平
食と農でつなぐ 福島から	塩谷弘康・岩崎由美子
過労自殺〔第二版〕	川人博
金沢を歩く	山出保
ドキュメント 豪雨災害	稲泉連
希望のつくり方	玄田有史
親米と反米	吉見俊哉
人生案内	落合恵子
ひとり親家庭	赤石千衣子
女のからだ フェミニズム以後	荻野美穂
〈老いがい〉の時代	天野正子
子どもの貧困	阿部彩
子どもの貧困Ⅱ	阿部彩
性と法律	角田由紀子
ヘイト・スピーチとは何か	師岡康子
生活保護から考える	稲葉剛
かつお節と日本人	宮内泰介・藤林泰
家事労働ハラスメント	竹信三恵子
ルポ 雇用劣化不況	竹信三恵子
福島原発事故 県民健康管理調査の闇	日野行介
電気料金はなぜ上がるのか	朝日新聞経済部
おとなが育つ条件	柏木惠子
在日外国人〔第三版〕	田中宏
まち再生の術語集	延藤安弘
震災日録 記憶を記録する	森まゆみ
原発をつくらせない人びと	山秋真
社会人の生き方	暉峻淑子
豊かさの条件	暉峻淑子
豊かさとは何か	暉峻淑子
構造災 科学技術社会に潜む危機	松本三和夫
家族という意志	芹沢俊介
ルポ 良心と義務	田中伸尚
靖国の戦後史	田中伸尚
日の丸・君が代の戦後史	田中伸尚
憲法九条の戦後史	田中伸尚

岩波新書より

経済

書名	著者
ポスト資本主義 科学・人間・社会の未来	広井良典
日本の納税者	三木義一
タックス・イーター	志賀櫻
タックス・ヘイブン	志賀櫻
コーポレート・ガバナンス	花崎正晴
グローバル経済史入門	杉山伸也
アベノミクスの終焉	服部茂幸
新自由主義の帰結	服部茂幸
新・世界経済入門	西川潤
金融政策入門	湯本雅士
日本経済図説〔第四版〕	宮崎勇・本庄真・田谷禎三
世界経済図説〔第三版〕	宮崎勇・田谷禎三
WTO 貿易自由化を超えて	中川淳司
日本財政 転換の指針	井手英策
日本の税金〔新版〕	三木義一
成熟社会の経済学	小野善康
景気と経済政策	小野善康
平成不況の本質	大瀧雅之
原発のコスト	大島堅一
次世代インターネットの経済学	依田高典
ユーロ 危機の中の統一通貨	田中素香
低炭素経済への道	諸富徹・浅岡美恵
「分かち合い」の経済学	神野直彦
人間回復の経済学	神野直彦
グリーン資本主義	佐和隆光
市場主義の終焉	佐和隆光
消費税をどうするか	小此木潔
国際金融入門〔新版〕	岩田規久男
金融入門〔新版〕	岩田規久男
ビジネス・インサイト	石井淳蔵
ブランド 価値の創造	石井淳蔵
グローバル恐慌	浜矩子
金融商品とどうつき合うか	新保恵志
金融NPO	藤井良広
地域再生の条件	本間義人
経済データの読み方〔新版〕	鈴木正俊
格差社会 何が問題なのか	橘木俊詔
シュンペーター	伊東光晴・根井雅弘
ケインズ	伊東光晴
現代に生きるケインズ	伊東光晴
景気とは何だろうか	山家悠紀夫
環境再生と日本経済	三橋規宏
人民元・ドル・円	田村秀男
社会的共通資本	宇沢弘文
経済学の考え方	宇沢弘文
経営革命の構造	米倉誠一郎
経済論戦	川北隆雄
アメリカの通商政策	佐々木隆雄
戦後の日本経済	橋本寿朗
共生の大地 新しい経済がはじまる	内橋克人
思想としての近代経済学	森嶋通夫
アメリカ遊学記	都留重人

岩波新書より

法律

憲法への招待〔新版〕　渋谷秀樹
比較のなかの改憲論　辻村みよ子
著作権の考え方　岡本薫
自由と国家　樋口陽一
憲法と国家　樋口陽一
比較のなかの日本国憲法　樋口陽一
大災害と法　津久井進
変革期の地方自治法　兼子仁
原発訴訟　海渡雄一
民法改正を考える　大村敦志
労働法入門　水町勇一郎
人が人を裁くということ　小坂井敏晶
知的財産法入門　小泉直樹
消費者の権利〔新版〕　正田彬
司法官僚 裁判所の権力者たち　新藤宗幸
名誉毀損　山田隆司
刑法入門　山口厚
家族と法　二宮周平
会社法入門　神田秀樹
憲法とは何か　長谷部恭男
良心の自由と子どもたち　西原博史
独占禁止法　村上政博
有事法制批判　憲法再生フォーラム編
裁判官はなぜ誤るのか　秋山賢三
法とは何か〔新版〕　渡辺洋三
日本社会と法　渡辺洋三・甲斐道太郎・広渡清吾・小森田秋夫編
民法のすすめ　星野英一
納税者の権利　北野弘久
小繫事件　戒能通孝
日本人の法意識　川島武宜

カラー版

カラー版 国芳　岩切友里子
カラー版 北斎　大久保純一
カラー版 四国八十八カ所　石川文洋
カラー版 ベトナム戦争と平和　石川文洋
カラー版 知床・北方四島　大泰司紀之・本間浩昭
カラー版 西洋陶磁入門　大平雅巳
カラー版 すばる望遠鏡の宇宙　海部宣男・宮下曉彦写真
カラー版 ブッダの旅　丸山勇
カラー版 難民キャンプの子どもたち　田沼武能
カラー版 ハッブル望遠鏡が見た宇宙　野本陽代・R・ウィリアムズ
カラー版 細胞紳士録　藤田恒夫・牛木辰男
カラー版 メッカ　野町和嘉
カラー版 シベリア動物誌　福田俊司

岩波新書より

政治

多数決を疑う 社会的選択理論とは何か　坂井豊貴
集団的自衛権とは何か　豊下楢彦
安保条約の成立　豊下楢彦
集団的自衛権と安全保障　豊下楢彦　古関彰一
外交ドキュメント 歴史認識　服部龍二
日米〈核〉同盟 原爆、核の傘、フクシマ　太田昌克
日本は戦争をするのか　半田滋
「戦地」派遣 変わる自衛隊　半田滋
自衛隊 変容のゆくえ　前田哲男
アジア力の世紀　進藤榮一
民族紛争　月村太郎
自治体のエネルギー戦略　大野輝之
政治的思考　杉田敦
現代日本の政党デモクラシー　中北浩爾
サイバー時代の戦争　谷口長世

現代中国の政治　唐亮
政権交代論　山口二郎
戦後政治の崩壊　山口二郎
日本政治 再生の条件　山口二郎編著
戦後政治史〔第三版〕　石川真澄　山口二郎
日本の国会　大山礼子
〈私〉時代のデモクラシー　宇野重規
大臣〔増補版〕　菅直人
生活保障 排除しない社会へ　宮本太郎
「ふるさと」の発想　西川一誠
政治の精神　佐々木毅
ドキュメント アメリカの金権政治　軽部謙介
民族とネイション　塩川伸明
昭和天皇　原武史
沖縄密約　西山太吉
市民の政治学　篠原一
日本の政治風土　篠原一
東京都政　佐々木信夫

政治・行政の考え方　松下圭一
ルポ 改憲潮流　斎藤貴男
市民自治の憲法理論　松下圭一
岸信介　原彬久
自由主義の再検討　藤原保信
海を渡る自衛隊　佐々木芳隆
人間と政治　南原繁
近代の政治思想　福田歓一

岩波新書新赤版一〇〇〇点に際して

ひとつの時代が終わったと言われて久しい。だが、その先にいかなる時代を展望するのか、私たちはその輪郭すら描きえていない。二〇世紀から持ち越した課題の多くは、未だ解決の緒を見つけることのできないままであり、二一世紀が新たに招きよせた問題も少なくない。グローバル資本主義の浸透、憎悪の連鎖、暴力の応酬――世界は混沌として深い不安の只中にある。

現代社会においては変化が常態となり、速さと新しさに絶対的な価値が与えられた。消費社会の深化と情報技術の革命は、種々の境界を無くし、人々の生活やコミュニケーションの様式を根底から変容させてきた。ライフスタイルは多様化し、一面では個人の生き方をそれぞれが選びとる時代が始まっている。同時に、新たな格差が生まれ、様々な次元での亀裂や分断が深まっている。社会や歴史に対する意識が揺らぎ、普遍的な理念に対する根本的な懐疑や、現実を変えることへの無力感がひそかに根を張りつつある。そして生きることに誰もが困難を覚える時代が到来している。

しかし、日常生活のそれぞれの場で、自由と民主主義を獲得し実践することを通じて、私たち自身がそうした閉塞を乗り超え、希望の時代の幕開けを告げてゆくことは不可能ではあるまい。そのために、いま求められていること――それは、個と個の間で開かれた対話を積み重ねながら、人間らしく生きることの条件について一人ひとりが粘り強く思考することではないか。その営みの糧となるものが、教養に外ならないと私たちは考える。歴史とは何か、よく生きるとはいかなることか、世界そして人間はどこへ向かうべきなのか――こうした根源的な問いとの格闘が、文化と知の厚みを作り出し、個人と社会を支える基盤としての教養となった。まさにそのような教養への道案内こそ、岩波新書が創刊以来、追求してきたことである。

岩波新書は、日中戦争下の一九三八年一一月に赤版として創刊された。創刊の辞は、道義の精神に則らない日本の行動を憂慮し、批判的精神と良心的行動の欠如を戒めつつ、現代人の現代的教養を刊行の目的とする、と謳っている。以後、青版、黄版、新赤版と装いを改めながら、合計二五〇〇点余りを世に問うてきた。そして、いままた新赤版が一〇〇〇点を迎えたのを機に、人間の理性と良心への信頼を再確認し、それに裏打ちされた文化を培っていく決意を込めて、新しい装丁のもとに再出発したいと思う。一冊一冊から吹き出す新風が一人でも多くの読者の許に届くこと、そして希望ある時代への想像力を豊かにかき立てることを切に願う。

（二〇〇六年四月）

祖田 修

1939年島根県生まれ．京都大学農学部農林経済学科卒業．農学博士．農林省経済局，龍谷大学経済学部助教授，京都大学大学院農学研究科教授，放送大学客員教授，福井県立大学経済・経営学部教授，福井県立大学学長などを務める．

専門は，農学原論，地域経済論．

現在，京都大学名誉教授，福井県立大学名誉教授．

主な著書に『コメを考える』(岩波新書)，『農学原論』(岩波書店)，同(中国語・英語版)，『近代農業思想史』(岩波書店)，同(中国語版)，『日本の米』『市民農園のすすめ』(岩波ブックレット)，『地方産業の思想と運動』(ミネルヴァ書房)，『都市と農村の結合』(大明堂)，『食の危機と農の再生』(三和書籍)がある．

鳥獣害
動物たちと，どう向きあうか　岩波新書(新赤版)1618

2016年8月19日　第1刷発行

著者　祖田 修（そだ おさむ）

発行者　岡本 厚

発行所　株式会社 岩波書店
〒101-8002 東京都千代田区一ツ橋 2-5-5
案内 03-5210-4000　営業部 03-5210-4111
http://www.iwanami.co.jp/

新書編集部 03-5210-4054
http://www.iwanamishinsho.com/

印刷・三陽社　カバー・半七印刷　製本・中永製本

© Osamu Soda 2016
ISBN 978-4-00-431618-3　Printed in Japan

主要参考文献

複数の章で参考にした文献は，初出の章に記載した．

第1章

農林水産省『食料・農業・農村の動向』(白書)，2015年版．

イヌのなみだ製作委員会編『イヌのなみだ』アース・スターエンターテイメント，2014年．

三浦健太『犬のこころ』角川書店，2011年．

山口花『犬から聞いた素敵な話』東邦出版，2013年．

柴内裕子・大塚敦子『子どもの共感力を育む――動物との絆をめぐる実践教育』岩波ブックレット，2010年．

第2章

中国新聞取材班編『猪変』本の雑誌社，2015年．

兵庫県資料「イノシシ管理計画」2015年3月．

布施綾子「イノシシ餌付け禁止条例施行前後におけるイノシシ出没状況の変化と住民意識」『システム農学』27-2，2011年．

横山真弓「兵庫県におけるニホンイノシシの保護管理の現状と課題」『兵庫ワイルドライフモノグラフ』6号，2014年．

辻知香・横山真弓「六甲山イノシシ問題の現状と課題」同6号，2014年．

吉村昭『羆嵐』新潮社，1977年．

日本クマネットワーク編「人里に出没するクマ対策の普及啓発および地域支援事業」(人身事故情報のとりまとめに関する調査報告書)2011年．

第3章

デカルト『方法序説』(落合太郎訳，改版)岩波書店，1967年．

P. シンガー『動物の解放』(戸田清訳，改訂版)人文書院，2011年．

A. リンゼイ『神は何のために動物を造ったのか』(宇都宮秀和訳)教文館，2001年．

平澤正夫『動物に何が起きているか』三一書房，1996年.
C. R. サンスティンほか編『動物の権利』(安部圭介ほか監訳)尚学社，2013年.
George Sessions(ed), *Deep Ecology for the 21st Century*, Shambhala, Boston, 1995.
薄井清『あの鳥を撃て』日本経済評論社，1980年.

第4章

祖田修『コメを考える』岩波新書，1989年.
赤星心「「獣害問題」におけるむら人の「言い分」」『村落社会研究』20号，2004年.
丸山康司『サルと人間の環境問題』昭和堂，2006年.
高橋春成編著『滋賀の獣たち』サンライズ出版，2003年.
秋津元輝「害獣駆除という狩猟」，牛尾洋也・鈴木龍也編著『里山のガバナンス』晃洋書房，2012年.
作野広和「島根県中山間地域におけるイノシシ被害と農家経営」島根大学教育学部人文地理学教室，2006年.

第5章

日本農業新聞取材班『鳥獣害ゼロへ』こぶし書房，2014年.
近藤誠司監修，大泰司紀之・平田剛士『エゾシカは森の幸』北海道新聞社，2011年.
I. ドミトリエフ『人間と動物の関係』(佐藤靖彦訳)新読書社，1989年.
『農業・北海道』春季号，1997年3月.
北海道環境生活部『道東地域エゾシカ保護管理計画』1998年.
——『エゾシカ保護管理計画』(第3期)2008年.
自然環境研究センター「ニホンジカ保護管理ワークショップ1998」1998年.
祖田修「農業に生きる現場から」『エコソフィア』6号，2000年11月.
祖田修『鳥獣たちと人間』農耕文化研究振興会，2006年.

第6章

長崎福三『肉食文化と魚食文化』農文協，1994年.
筑波常治『米食・肉食の文明』NHKブックス，1969年.
K.トマス『人間と自然界』(山内昶監訳)法政大学出版局，1989年.
アリストテレス『デ・アニマ』(村治能就訳)[世界の大思想 20]河出書房新社，1974年.
トマス・アクィナス『神学大全』全2巻(山田晶訳)中央公論新社，2014年.
『聖書』(旧約聖書)(中沢洽樹訳)[世界の名著 13]中央公論社，1978年.
ベーコン『ノヴム・オルガヌム(新機関)』(桂寿一訳)岩波文庫，1978年.
David Pepper, *Modern Environmentalism*, Routledge, New York, 1996.
L.フェリ『エコロジーの新秩序』(加藤宏幸訳)法政大学出版局，1994年.
D.グリフィン『動物の心』(長野敬・宮木陽子訳)青土社，1995年.
Roderick F. Nash(ed), *The Rights of Nature*, University of Wisconsin Press, London, 1989.
C.ダーウィン『種の起源』(堀伸夫・堀大才訳)槇書店，1988年.
──『人間の由来』上・下(石田周三・岡邦雄・内山賢次訳)白揚社，1938～39年.
Larry Arnhart, *Darwinian Natural Right: The Biological Ethics of Human Nature*, State University of New York Press, 1998.
D.ドゥグラツィア『動物の権利』(戸田清訳)岩波書店，2003年.
原實「『不殺生考』」『国際仏教学大学院大学研究紀要』第1号，1998年.
岡田真美子「動物たちの生と死──不殺生の教えと現代の環境問題」，中村生雄・三浦佑之編『信仰のなかの動物たち』吉川弘文館，2009年.
圓因『放生問答』中華護生協会，2004年.
原田信夫『歴史のなかの米と肉』平凡社，2005年.

『本朝文粋』[国史大系第29巻下]吉川弘文館，1965年.
道教刊行会『戒殺放生文纂解』1966年.
中村生雄『祭祀と供犠』法藏館，2001年.
R.ドロール『動物の歴史』(桃木暁子訳)みすず書房，1998年.
若林明彦「動物の権利とアニミズムの復権」，中村生雄・三浦佑之編『信仰のなかの動物たち』吉川弘文館，2009年.
中村生雄『日本人の宗教と動物観』吉川弘文館，2010年.
末木文美士『日本仏教史』新潮文庫，1996年.
中村生雄『肉食妻帯考』青土社，2011年.
杉本卓洲『五戒の周辺——インド的生のダイナミズム』平楽寺書店，1999年.
新川哲雄『安然の非情成仏義研究』学習院大学，1992年.
梅原猛『人類哲学序説』岩波新書，2013年.

第7章

『日本農書全集』第1期全35巻，農文協，1977〜83年.
黒田三郎「馬と農家と農作業」『日本農書全集』第16巻の月報，農文協，1979年.
坂本太郎ほか校注『日本書紀』1〜5，岩波文庫，1995年.
祖田修『長寿伝説を行く』農林統計出版，2011年.
荒川秀俊・宇佐美竜夫『日本史小百科——災害』近藤出版社，1985年.
西村真琴・吉川一郎編『日本凶荒史考』有明書房，1983年.
内田武志・宮本常一編訳『菅江真澄遊覧記』全5巻，平凡社，2000年.
千々和實・萩原進編『高山彦九郎日記』全5巻，西北出版，1978年.
深沢七郎『楢山節考』新潮文庫，1964年.
村田喜代子『蕨野行』文藝春秋，1994年.
安藤昌益『自然真営道』(尾藤正英ほか校注)岩波書店，1977年
——『統道真伝』全2冊(奈良本辰也訳注)岩波文庫，1966〜67年.

貝原益軒『大和俗訓』隆文館，1910 年.
石田勘平(梅岩)『都鄙問答』[日本経済叢書巻 8]日本経済叢書刊行会，1915 年.
『歎異抄』(梯實圓解説)本願寺出版社，2002 年.
中村生雄『日本人の宗教と動物観』吉川弘文館，2010 年.
鯖田豊之『肉食文化と米食文化』講談社，1979 年.
M. ヴェーバー『プロテスタンティズムの倫理と資本主義の精神』(大塚久雄訳)岩波文庫，1989 年.

第 8 章

福井県立大学 team4429 とその仲間たち編『お～！ イノシシ』[福井県立大学県民双書第 7 号]2008 年.
宮崎昭・丹治藤治『シカの飼い方・活かし方』農文協，2016 年.
内山勝利責任編集『哲学誕生』[哲学の歴史第 1 巻]中央公論新社，2008 年.
祖田修『着土の世界』家の光協会，2003 年.
近藤正『信念の百姓』冨民，1953 年.

第 9 章

環境省編『平成 20 年版環境循環型社会白書』2008 年.
M. バルテルミ＝マドール『ラマルクと進化論』(横山輝雄・寺田元一訳)朝日新聞社，1993 年.
R. マルサス『人口の原理』(高野岩三郎・大内兵衛訳)岩波文庫，1961 年.
A. スミス『国富論』全 4 冊(水田洋監訳，杉山忠平訳)岩波文庫，2000～01 年.
今西錦司『生物社会の論理』平凡社，1994 年.
――『進化とはなにか』講談社学術文庫，1976 年.
――『生物の世界』講談社文庫，1972 年.
今西錦司・吉本隆明『ダーウィンを超えて』朝日出版社，1978 年.
祖田修「共生とは何か――“相互交渉”と“形成均衡”」『学術の

動向』40号，1999年7月.
祖田修「形成均衡の世界」，祖田修・八木宏典共編著『人間と自然』放送大学教育振興会，2003年.
祖田修『農学原論』岩波書店，2000年.
A. レオポルド『野生のうたが聞こえる』(新島義昭訳)講談社学術文庫，1997年.
「気候変動に関する政府間パネル(IPCC)第5次評価報告書」2014年.
祖田修・大原興太郎編著『現代日本の農業観――その展望と現実』富民協会，1994年.
W. リース『満足の限界』(阿部照男訳)新評論，1987年.
祖田修「初島――洋上の形成均衡世界とその変容」『地域公共政策研究』(福井県立大学9号)，2004年6月.

その他の参考文献(順不同)

太田猛彦『森林飽和』NHK出版，2012年.
和田一雄『サルとつきあう』信濃毎日新聞社，1998年.
池田真次郎『野生鳥獣と人間生活』インパルス，1971年.
D. モリス『動物との契約』(渡辺政隆訳)平凡社，1990年.
河合雅雄・埴原和郎編『動物と文明』朝倉書店，1995年.
河合雅雄・林良博編著『動物たちの反乱』PHP研究所，2009年.
米田一彦『生かして防ぐクマの害』農文協，1998年.
三戸幸久・渡邊邦夫『人とサルの社会史』東海大学出版会，1999年.
秋道智彌編『野生生物と地域社会』昭和堂，2002年.
農文協『現代農業』(特集・鳥獣害から田畑を守る)2000年8月号.
松木洋一監修『人間動物関係論』養賢堂，2012年.
羽山伸一『野生動物問題』地人書館，2001年.
丹羽文雄『日本的自然観の方法』農文協，1993年.
日本弁護士連合会公害対策・環境保全委員会編『野生生物の保護はなぜ必要か』信山社出版，1999年.
E. M. トーマス『犬たちの隠された生活』(深町眞理子訳)草思社，

1995年.
ボイテンディク『人間と動物』(濱中淑彦訳)みすず書房, 1970年.
Mark Rowlands, *Animal Rights: A Philosophical Defence*, Macmillan Press LTD, London, 1998.
Maurice Strong, *Where on Earth Are We Going?*, Texere LLC, New York, 2000.
Herman E. Daly & Kenneth N. Townsend(eds), *Valuing the Earth*, Massachusetts Institute of Technology, London. 1992.
F. Herbert Bormann & Stephen R. Kellert(eds), *Ecology, Economics, Ethics*, Yale University Press, New Haven & London, 1991.
Marq De Villiers, *Water Wars: Is the World's Water Running Out?*, Weidenfeld and Nicolson, London, 1999.